电子电工辅导用书

主　编　田　斌　丁仕尧

副主编　付献浩　卢荣华　田月华

参　编　邓年志　廖俊东　罗　勇　李园园　覃道新

杨石林　杨春兰　印泽萍　田　慧

主　审　张祥鸿

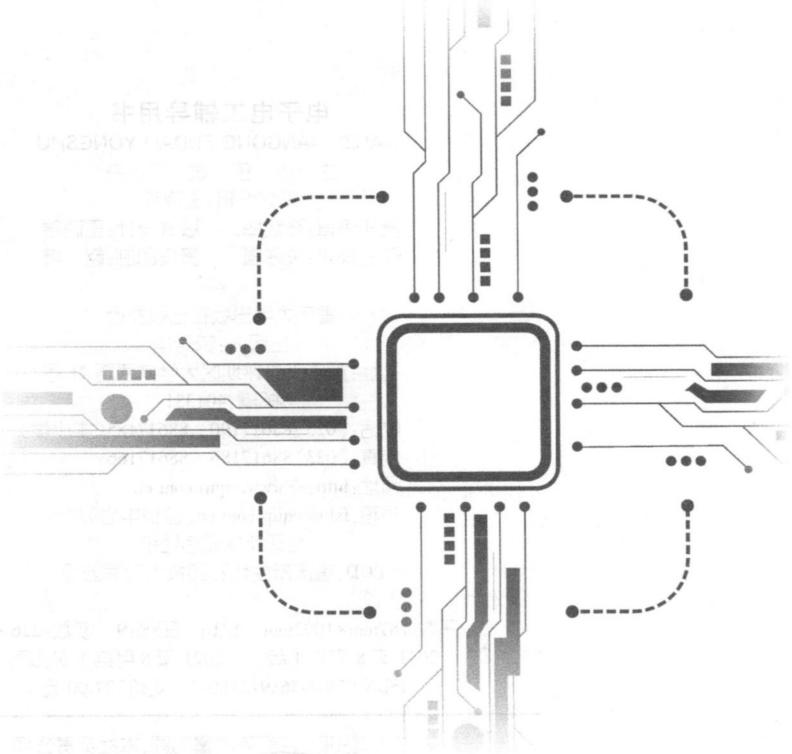

重庆大学出版社

图书在版编目(CIP)数据

电子电工辅导用书 / 田斌,丁仕尧主编. --重庆:
重庆大学出版社, 2021.8
ISBN 978-7-5689-2780-2

Ⅰ.①电… Ⅱ.①田… ②丁… Ⅲ.①电子技术—中等专业学校—教学参考资料②电工技术—中等专业学校—教学参考资料 Ⅳ.①TN②TM

中国版本图书馆 CIP 数据核字(2021)第 116323 号

电子电工辅导用书
DIANZI DIANGONG FUDAO YONGSHU
主 编 田 斌 丁仕尧
策划编辑:王晓蓉
责任编辑:张红梅 版式设计:王晓蓉
责任校对:关德强 责任印制:赵 晟
*
重庆大学出版社出版发行
出版人:饶帮华
社址:重庆市沙坪坝区大学城西路 21 号
邮编:401331
电话:(023)88617190 88617185(中小学)
传真:(023)88617186 88617166
网址:http://www.cqup.com.cn
邮箱:fxk@ cqup.com.cn(营销中心)
全国新华书店经销
POD:重庆新生代彩印技术有限公司
*
开本:787mm×1092mm 1/16 印张:9 字数:226 千
2021 年 8 月第 1 版 2021 年 8 月第 1 次印刷
ISBN 978-7-5689-2780-2 定价:27.00 元

前言 Qianyan

本书是湖北省鹤峰县中等职业技术学校电工专业教师根据学校的教学实际，以更好地指导学生的专业训练为目的，依据《国家职业技能标准》，按中级电工知识要求和中职技能高考要求编写而成的。本书着重于中级电工职业技能培训、中职学生技能素养培训，内容侧重于理论知识，主要包括电工基础理论知识、电子基础理论知识以及电工安全生产理论知识，题型为选择题、判断题。

职业技能鉴定是全面贯彻落实科学发展观，大力实施人才强国战略的重要举措，有利于促进劳动力市场的建设和发展，关系到广大劳动者的切身利益，对企业发展和社会经济进步以及全面提高劳动者素质和职工队伍的创新能力具有重要作用。进行职业技能鉴定是当前我国经济社会发展，特别是就业、再就业工作的迫切要求。

我国职业教育体系的完善，对现代职业教育工作提出了更高的要求。身在教育一线的我们，必须紧跟信息科学发展的潮流，注重人才综合素质和岗位适应能力的培养。因此本书具有如下 3 个特点：

第一，内容涵盖国家职业技能标准对该工种理论知识的要求，确保达到中级技能人才的培养目标。

第二，突出职业技能鉴定特色，紧紧围绕国家职业技能鉴定考核考试题库，充分体现实用性。

第三，坚持以"新内容"为编写的侧重点，无论是在内容上，还是在形式上都力求有所创新，使本书更贴近职业技能鉴定，服务于职业技能鉴定。

愿本书成为广大职业技能鉴定工作者和参加职业技能鉴定的考生的有效工具和良师益友！

由于编者水平有限，书中难免存在不足，敬请广大读者提出宝贵意见。

编　者

2021 年 3 月 28 日

目录 Mulu

模块一　低压电工初训试题

一、判断题

1.电源是把非电能转换成电能的装置。（　）

2.《中华人民共和国安全生产法》第二十七条规定：生产经营单位的特种作业人员必须按照国家有关规定经专门的安全作业培训，取得相应资格，方可上岗作业。（　）

3.10 kV 以下运行的阀型避雷器的绝缘电阻应每年测量一次。（　）

4.220 V 交流电压的最大值为 380 V。（　）

5.特种作业操作证每年由考核发证部门复审一次。（　）

6.Ⅱ类设备和Ⅲ类设备都要采取接地或接零措施。（　）

7.Ⅱ类电动工具比Ⅰ类安全可靠。（　）

8.30~40 Hz 的电流危险性最大。（　）

9.Ⅲ类电动工具的工作电压不超过 50 V。（　）

10.PN 结正向导通时，其内外电场方向一致。（　）

11.RCD 的额定动作电流是指能使 RCD 动作的最大电流。（　）

12.RCD 的选择，必须考虑用电设备和电路正常泄漏电流的影响。（　）

13.RCD 后的中性线可以接地。（　）

14.SELV 只作为接地系统的电击保护。（　）

15.TT 系统是配电网中性点直接接地，用电设备外壳也采用接地措施的系统。（　）

16.安全可靠是对任何开关电器的基本要求。（　）

17.按钮的文字符号为 SB。（　）

18.按钮根据使用场合，可选的种类有开启式、防水式、防腐式、保护式等。（　）

19.按照通过人体电流的大小、人体反应状态的不同，可将电流划分为感知电流、摆脱电流和室颤电流。（　）

20.白炽灯属热辐射光源。（　）

21.保护接零适用于中性点直接接地的配电系统。（　）

22.变配电设备应有完善的屏护装置。（　）

23.并联补偿电容器主要用在直流电路中。（　）

24.并联电路的总电压等于各支路电压之和。（　）

25.并联电路中各支路上的电流不一定相等。（　）

26.并联电容器所接的线停电后，必须断开电容器组。（　）

27.并联电容器有减少电压损失的作用。（　）

28.剥线钳是用来剥削小导线头部表面绝缘层的专用工具。（　）

29.补偿电容器的容量越大越好。（　）

30.不同电压的插座应有明显区别。（　）

31.测量电机的对地绝缘电阻和相间绝缘电阻，常使用兆欧表，而不宜使用万用表。（　）

32.测量电流时应把电流表串联在被测电路中。 ( )

33.测量交流电路的有功电能时，因是交流电，故其电压线圈、电流线圈和各两端可任意接在线路上。 ( )

34.常用绝缘安全防护用具有绝缘手套、绝缘靴、绝缘隔板、绝缘垫、绝缘站台等。 ( )

35.白炽灯属热辐射光源。 ( )

36.除独立避雷针外，在接地电阻满足要求的前提下，防雷接地装置可以和其他接地装置共用。 ( )

37.触电分为电击和电伤。 ( )

38.触电事故是由电能以电流形式作用于人体造成的事故。 ( )

39.触电者神志不清，有心跳，但呼吸停止，应立即进行口对口人工呼吸。 ( )

40.磁力线是一种闭合曲线。 ( )

41.从过载角度出发，规定了熔断器的额定电压。 ( )

42.带电机的设备，在电机通电前要检查电机的辅助设备和安装底座，接地线等，正常后再通电使用。 ( )

43.单相 220 V 电源供电的电气设备，应选用三极式漏电保护装置。 ( )

44.当采用安全特低电压作直接电击防护时，应选用 25 V 及以下的安全电压。 ( )

45.欧姆定律指出，在一个闭合电路中，当导体温度不变时，通过导体的电流与导体两端的电压成正比，与其电阻成反比。 ( )

46.当灯具达不到最小高度时，应采用 24 V 以下电压。 ( )

47.当电气火灾发生时首先应迅速切断电源，在无法切断电源的情况下，应迅速选择干粉、二氧化碳等不导电的灭火器材进行灭火。 ( )

48.当电容器爆炸时，应立即检查。 ( )

49.测量电容器时，万用表指针摆动后停止不动，说明电容器短路。 ( )

50.当静电的放电火花能量足够大时，能引起火灾和爆炸事故。在生产过程中，静电还会妨碍生产和降低产品质量等。 ( )

51.当拉下总开关后，线路即视为无电。 ( )

52.刀开关在作隔离开关用时，要求刀开关的额定电流要大于或等于线路实际的故障电流。 ( )

53.导电性能介于导体和绝缘体之间的物体称为半导体。 ( )

54.导线的工作电压应大于其额定电压。 ( )

55.导线接头的抗拉强度必须与原导线的抗拉强度相同。 ( )

56.导线接头位置应尽量在绝缘子固定处，以方便统一扎线。 ( )

57.导线连接后接头与绝缘层的距离越小越好。 ( )

58.导线连接时必须注意做好防腐措施。 ( )

59.低压断路器是一种重要的控制保护电器，断路器都装有灭弧装置，因此可以安全地带负荷合、分闸。 ( )

60.低压绝缘材料的耐压等级一般为 500 V。 ( )

61.低压配电屏是按一定的接线方案将有关低压一、二次设备组装起来，每一个主电路方

案对应一个或多个辅助方案，从而简化了工程设计。（ ）

62.低压验电器可以验出500 V以下的电压。（ ）

63.电动机按铭牌数值工作时，短时运行的定额工作制用S2表示。（ ）

64.电动式时间继电器的延时时间不受电源电压波动及环境温度变化的影响。（ ）

65.电动势的正方向规定为从低电位指向高电位，所以测量时电压表应正极接电源负极，而电压表负极接电源的正极。（ ）

66.电度表是专门用来测量设备功率的装置。（ ）

67.电工刀的手柄是无绝缘保护的，不能在带电导线或器材上剖切，以免触电。（ ）

68.电工钳、电工刀、螺丝刀是常用电工基本工具。（ ）

69.电工特种作业人员应当具备高中或相当于高中以上文化程度。（ ）

70.电工应严格按照操作规程进行作业。（ ）

71.应做好用电人员在特殊场所作业的监护作业。（ ）

72.电工作业分为高压电工作业和低压电工作业。（ ）

73.电机异常发响发热的同时，转速急速下降，应立即切断电源，停机检查。（ ）

74.电机运行时发出的沉闷声是电机正常运行的声音。（ ）

75.电机在检修后，经各项检查合格后，就可对电机进行空载试验和短路试验。（ ）

76.电机在正常运行时，如闻到焦臭味，则说明电机速度过快。（ ）

77.电解电容器的电工符号如下图所示。（ ）

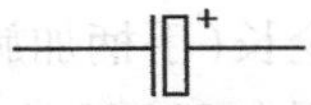

电解电容

78.电缆保护层的作用是保护电缆。（ ）

79.电力线路敷设时，严禁采用突然剪断导线的办法松线。（ ）

80.电流表的内阻越小越好。（ ）

81.电流的大小用电流表来测量，测量时将其并联在电路中。（ ）

82.电流和磁场密不可分，磁场总是伴随着电流而存在，而电流永远被磁场所包围。（ ）

83.电气安装接线图中，同一电器元件的各部分必须画在一起。（ ）

84.电气控制系统图包括电气原理图和电气安装图。（ ）

85.电气设备缺陷、设计不合理、安装不当等都是引发火灾的重要原因。（ ）

86.电气原理图中的所有元件均按未通电状态或无外力作用时的状态画出。（ ）

87.电容器的放电负载不能装设熔断器或开关。（ ）

88.电容器的容量就是电容量。（ ）

89.电容器放电的方法就是将其两端用导线连接。（ ）

90.电容器室内要有良好的天然采光。（ ）

91.电容器室内应有良好的通风。（ ）

92.电压表内阻越大越好。（ ）

93.电压表在测量时，量程要大于或等于被测线路电压。（ ）

94.电压的大小用电压表来测量，测量时将其串联在电路中。（ ）

95.电子镇流器的功率因数高于电感镇流器。（ ）
96.吊灯安装在桌子上方时，与桌子的垂直距离不小于 1.5 m。（ ）
97.断路器可分为框架式和塑料外壳式。（ ）
98.断路器在选用时，要求断路器的额定通断能力要大于或等于被保护线路中可能出现的最大负载电流。（ ）
99.对称的三相电源是由振幅相同、初相依次相差 120°的正弦电源连接组成的供电系统。（ ）
100.对电机各绕组的绝缘检查，如测出绝缘电阻不合格，不允许通电运行。（ ）
101.对电机轴承润滑的检查，可通电转动电机转轴，看是否转动灵活，听有无异响。（ ）
102.对绕线型异步电机应经常检查电刷与集电环的接触及电刷的磨损、压力、火花等情况。（ ）
103.对容易产生静电的场所，应保持地面潮湿，或者铺设导电性能较好的地板。（ ）
104.对异步电动机，国家标准规定 3 kW 以下的电动机均采用三角形接法。（ ）
105.对在易燃、易爆、易灼烧及有静电发生的场所作业的工作人员，不可以发放和使用化纤防护用品。（ ）
106.对转子有绕组的电机，将外电阻串入转子电路中启动，并随电机转速升高而逐渐地将电阻值减小并最终切除，称为转子串电阻启动。（ ）
107.多用螺钉旋具的规格是以它的全长（手柄加旋杆）表示。（ ）
108.额定电压为 380 V 的熔断器可用在 220 V 的线路中。（ ）
109.二极管只要工作在反向击穿区，一定会被击穿。（ ）
110.二氧化碳灭火器带电灭火只适用于 600 V 以下的线路，对于 10 kV 或者 35 kV 线路，要带电灭火只能选择干粉灭火器。（ ）
111.防雷装置应沿建筑物的外墙敷设，并经最短途径接地，如有特殊要求可以暗敷。（ ）
112.分断电流能力是各类刀开关的主要技术参数之一。（ ）
113.符号“A”表示交流电源。（ ）
114.改变转子电阻调速这种方法只适用于绕线式异步电动机。（ ）
115.改革开放前我国强调以铝代铜作导线，以减轻导线的质量。（ ）
116.概率为 50%时，成年男性的平均感知电流值约为 1.1 mA，最小为 0.5 mA，成年女性约为 0.6 mA。（ ）
117.高压水银灯需要的电压比较高，所以称为高压水银灯。（ ）
118.隔离开关是指承担接通和断开电流任务，将电路与电源隔开的装置。（ ）
119.根据用电性质，电力线路可分为动力线路和配电线路。（ ）
120.工频电流比高频电流更容易引起皮肤灼伤。（ ）
121.挂登高板时，应钩口向外并且向上。（ ）
122.规定小磁针的北极所指的方向是磁力线的方向。（ ）
123.过载是指线路中的电流大于线路的计算电流或允许载流量。（ ）

124.黄绿双色的导线只能用于保护线。（　）

125.机关、学校、企业、住宅等建筑物内的插座回路不需要安装漏电保护装置。（　）

126.基尔霍夫第一定律是节点电流定律，是用来证明电路上各电流之间关系的定律。（　）

127.几个电阻并联后的总电阻等于各并联电阻的倒数之和。（　）

128.检查电容器时，只检查电压是否符合要求即可。（　）

129.交流电动机铭牌上的频率是此电动机使用的交流电源的频率。（　）

130.交流电流表和电压表测量所测得的值都是有效值。（　）

131.交流电每交变一周所需的时间称为周期 T。（　）

132.交流发电机是应用电磁感应的原理发电的。（　）

133.交流接触器常见的额定最高工作电压达到 6 000 V。（　）

134.交流接触器的额定电流，是在额定的工作条件下所决定的电流值。（　）

135.交流钳形电流表可测量交直流电流。（　）

136.胶壳开关不适合用于直接控制 5.5 kW 以上的交流电动机。（　）

137.接触器的文字符号为 KM。（　）

138.接地电阻测试仪主要由手摇发电机、电流互感器、电位器以及检流计组成。（　）

139.接地电阻测试仪就是测量线路绝缘电阻的仪器。（　）

140.接地线是为了在已停电的设备和线路上意外地出现电压时保证工作人员的重要工具。按规定，接地线必须由截面积 25 mm^2 以上的裸铜软线制成。（　）

141.接了漏电开关之后，设备外壳就不需要再接地或接零了。（　）

142.截面积较小的单股导线平接时可采用绞接法。（　）

143.静电现象是很普遍的电现象，其危害不小，固体静电可达 200 kV 以上，人体静电也可达 10 kV 以上。（　）

144.据部分省市统计，农村触电事故少于城市触电事故。（　）

145.绝缘棒在闭合或断开高压隔离开关和跌落式熔断器、装拆携带式接地线，以及进行辅助测量和试验时使用。（　）

146.绝缘材料是指绝对不导电的材料。（　）

147.绝缘老化只是一种化学变化。（　）

148.绝缘体被击穿时的电压称为击穿电压。（　）

149.可以通过用相线碰地线的方法检查地线是否接地良好。（　）

150.拉下总开关后，线路即视为无电。（　）

151.雷电按其传播方式可分为直击雷和感应雷两种。（　）

152.雷电后造成架空线路产生高电压冲击波，这种雷电称为直击雷。（　）

153.雷电可通过其他带电体或直接对人体放电，使人的身体遭到巨大的破坏甚至死亡。（　）

154.雷电时，应禁止在屋外高空检修、试验和屋内验电等作业。（　）

155.雷击产生的高电压可对电气装置和建筑物及其他设施造成毁坏，电力设施或电力线路遭破坏可能导致大规模停电。（　）

156.雷雨天气，即使在室内也不要修理家中的电气线路、开关、插座等。如果一定要修，就要把家中电源总开关断开。（ ）

157.两相触电危险性比单相触电小。（ ）

158.漏电保护器在被保护电路中有漏电或有人触电时，零序电流互感器就产生感应电流，经放大使脱扣器动作，从而切断电路。（ ）

159.漏电开关跳闸后，允许采用分路停电再送电的方式检查线路。（ ）

160.漏电开关只有在有人触电时才会动作。（ ）

161.路灯的各回路应有保护，每一灯具宜设单独熔断器。（ ）

162.螺口灯头的台灯应采用三孔插座。（ ）

163.民用住宅严禁装设床头开关。（ ）

164.目前我国生产的接触器额定电流一般大于或等于 630 A。（ ）

165.能耗制动这种方法是将转子的动能转化为电能，并消耗在转子回路的电阻上。（ ）

166.频率的自动调节补偿是热继电器的一个功能。（ ）

167.企业、事业单位的职工无特种作业操作证从事特种作业，属违章作业。（ ）

168.钳形电流表既能测交流电流，也能测量直流电流。（ ）

169.取得高级电工证的人员就可以从事电工作业。（ ）

170.热继电器的保护特性在保护电机时，应尽可能与电动机过载特性贴近。（ ）

171.热继电器的双金属片是由一种热膨胀系数不同的金属材料碾压而成。（ ）

172.热继电器的双金属片弯曲的速度与电流大小有关，电流越大，速度越快，这种特性称为正比时限特性。（ ）

173.热继电器是一种利用双金属片受热弯曲而推动触点动作的保护电器，它主要用于线路的速断保护。（ ）

174.日常电气设备的维护和保养应由设备管理人员负责。（ ）

175.日光灯点亮后，镇流器起降压限流作用。（ ）

176.熔断器的特性，是通过熔体的电压值越高，熔断时间越短。（ ）

177.熔断器的文字符号为 FU。（ ）

178.熔断器在所有电路中都能起到过载保护。（ ）

179.熔体的额定电流不可大于熔断器的额定电流。（ ）

180.电容器运行时，检查发现温度过高，应加强通风。（ ）

181.三相电动机的转子和定子要同时通电才能工作。（ ）

182.三相异步电动机的转子导体中会形成电流，其电流方向可用右手定则判定。（ ）

183.剩余电流动作保护装置主要用于 1 000 V 以下的低压系统。（ ）

184.剩余动作电流小于或等于 0.3 A 的 RCD 属于高灵敏度 RCD。（ ）

185.时间继电器的文字符号为 KT。（ ）

186.使用电气设备时，由于导线截面选择过小，当电流较大时也会因发热过大而引发火灾。（ ）

187.使用改变磁极对数来调速的电动机一般都是绕线型转子电动机。（ ）

188.使用脚扣进行登杆作业时，上、下杆的每一步必须使脚扣环完全套入并可靠地扣住电杆，才能移动身体，否则会造成事故。（　）

189.使用手持式电动工具应当检查电源开关是否失灵、是否破损、是否牢固、接线是否松动。（　）

190.使用万用表测量电阻，每换一次欧姆挡都要进行欧姆调零。（　）

191.使用万用表电阻挡能够测量变压器的线圈电阻。（　）

192.使用兆欧表前不必切断被测设备的电源。（　）

193.使用竹梯作业时，梯子放置以与地面成50°左右角为宜。（　）

194.事故照明不允许和其他照明共用同一线路。（　）

195.试验对地电压为50 V以上的带电设备时，氖泡式低压验电器就应显示有电。（　）

196.手持电动工具有两种分类方式，即按工作电压分类和按防潮程度分类。（　）

197.手持式电动工具接线可以随意加长。（　）

198.水和金属比较，水的导电性能更好。（　）

199.特种作业操作证每年由考核发证部门复审一次。（　）

200.特种作业人员必须年满20周岁，且不超过国家法定退休年龄。（　）

201.特种作业人员未经专门的安全作业培训，未取得相应资格，上岗作业导致事故的，应追究生产经营单位有关人员的责任。（　）

202.安装铁壳开关时，其外壳必须可靠接地。（　）

203.停电作业安全措施按保安作用依据安全措施分为预见性措施和防护措施。（　）

204.通电时间增加，人体电阻因出汗而增加，导致通过人体的电流减小。（　）

205.通用继电器可以更换不同性质的线圈，从而将其制成各种继电器。（　）

206.同一电器元件的各部件分散地画在原理图中，必须按顺序标注文字符号。（　）

207.铜线与铝线在需要时可以直接连接。（　）

208.脱离电源后，触电者神志清醒，应让触电者来回走动，加强血液循环。（　）

209.万能转换开关的定位结构一般采用滚轮卡转轴辐射型结构。（　）

210.万用表使用后，转换开关可置于任意位置。（　）

211.万用表在测量电阻时，指针指在刻度盘中间最准确。（　）

212.危险场所室内的吊灯与地面距离不少于3 m。（　）

213.为安全起见，更换熔断器时，最好断开负载。（　）

214.为保证零线安全，三相四线的零线必须加装熔断器。（　）

215.为改善电动机的启动及运行性能，笼型异步电动机转子铁芯一般采用直槽结构。（　）

216.为了安全，高压线路通常采用绝缘导线。（　）

217.为了安全可靠，所有开关均应同时控制相线和零线。（　）

218.为了避免静电火花造成爆炸事故，凡在加工运输、储存各种易燃液体、气体时，设备都要分别隔离。（　）

219.为了防止电气火花、电弧等引燃爆炸物，应选用防爆电气级别和温度组别与环境相适应的防爆电气设备。（　）

220.为了有明显区别,并列安装的同型号开关应处于不同高度,错落有致。( )
221.我国正弦交流电的频率为 50 Hz。( )
222.无论在任何情况下,三极管都具有电流放大功能。( )
223.吸收比是用兆欧表测定。( )
224.锡焊晶体管等弱电元件应用 100 W 的电烙铁。( )
225.相同条件下,交流电比直流电对人体危害较大。( )
226.行程开关的作用是将机械行走的长度用电信号传出。( )
227.旋转电器设备着火时不宜用干粉灭火器灭火。( )
228.验电器在使用前必须确认验电器良好。( )
229.验电是保证电气作业安全的技术措施之一。( )
230.兆欧表在使用前,无须检查兆欧表是否完好,可直接对被测设备进行绝缘测量。( )
231.摇测大容量设备吸收比是测量(60 s)时的绝缘电阻与 15 s 时的绝缘电阻之比。( )
232.一般情况下,接地电网的单相触电比不接地的电网的危险性小。( )
233.一号电工刀比二号电工刀的刀柄长。( )
234.移动电气设备电源应采用高强度铜芯橡皮护套硬绝缘电缆。( )
235.移动电气设备可以参考手持电动工具的有关要求进行使用。( )
236.异步电动机的转差率是旋转磁场的转速与电动机转速之差与旋转磁场的转速之比。( )
237.因闻到焦臭味而停止运行的电动机,必须找出原因后才能再通电使用。( )
238.用避雷针、避雷带是防止雷电破坏电力设备的主要措施。( )
239.用电笔检查时,电笔发光就说明线路一定有电。( )
240.用电笔验电时,应赤脚站立,保证与大地有良好的接触。( )
241.用钳形电流表测量电动机空转电流时,不需要变换挡位可直接进行测量。( )
242.用钳形电流表测量电动机空转电流时,可直接用小电流挡一次测量出来。( )
243.用钳形电流表测量电流时,尽量将导线置于钳口铁芯中间,以减少测量误差。( )
244.用万用表 R×1 kΩ 欧姆挡测量二极管时,红表笔接一只脚,黑表笔接另一只脚测得的电阻值约为几百欧姆,反向测量时电阻值很大,则该二极管是好的。( )
245.用星-三角降压启动时,启动转矩为直接采用三角形连接时启动转矩的 1/3。( )
246.有美尼尔综合征的人不得从事电工作业。( )
247.右手定则是判定直导体做切割磁力线运动时所产生的感生电流方向。( )
248.幼儿园及小学等儿童活动场所插座安装高度不宜小于 1.8 m。( )
249.载流导体在磁场中一定受到磁场力的作用。( )
250.再生发电制动只用于电动机转速高于同步转速的场合。( )
251.在安全色标中用红色表示禁止、停止或消防。( )
252.在安全色标中用绿色表示安全、通过、允许、工作。( )
253.在爆炸危险场所,应采用三相四线制、单相三线制方式供电。( )
254.在采用多级熔断器保护中,后级熔体的额定电流比前级大,以电源端为最前端。( )

255.在串联电路中,电流处处相等。（　　）

256.在串联电路中,电路总电压等于各电阻的分电压之和。（　　）

257.在带电灭火时,如果用喷雾水枪应将水枪喷嘴接地,并穿上绝缘靴和戴上绝缘手套,才可进行灭火操作。（　　）

258.带电维修线路时,应站在绝缘垫上。（　　）

259.在电气原理图中,当触点图形垂直放置时,以“左开右闭”原则绘制。（　　）

260.在电压低于额定值的一定比例后能自动断电的称为欠压保护。（　　）

261.在断电之后,电动机停转,当电网再次来电,电动机能自行启动的运行方式称为失压保护。（　　）

262.在高压操作中,无遮栏作业人员或所携带工具与带电体之间的距离应不少于0.7 m。（　　）

263.在高压线路发生火灾时,应采用有相应绝缘等级的绝缘工具,迅速拉开隔离开关切断电源,选择二氧化碳或者干粉灭火器进行灭火。（　　）

264.在供配电系统和设备自动系统中,刀开关通常用于电源隔离。（　　）

265.在没有用验电器验电前,线路应视为有电。（　　）

266.在三相交流电路中,负载为三角形接法时,其相电压等于三相电源的线电压。（　　）

267.在三相交流电路中,负载为星形接法时,其相电压等于三相电源的线电压。（　　）

268.在设备运行时发生起火的原因中,电流热量是间接原因,而火花或电弧则是直接原因。（　　）

269.在我国,超高压送电线路基本上是架空敷设。（　　）

270.在选择导线时必须考虑线路投资,但导线截面积不能太小。（　　）

271.在有爆炸和火灾危险的场所,应尽量少用或不用携带式、移动式的电气设备。（　　）

272.在直流电路中,常用棕色表示正极。（　　）

273.遮栏是为防止工作人员无意碰到带电设备部分而装设备的屏护,分临时遮栏和常设遮栏两种。（　　）

274.正弦交流电的周期与角频率互为倒数。（　　）

275.直流电流表可以用于交流电路测量。（　　）

276.中间继电器的动作值与释放值可调节。（　　）

277.中间继电器实际上是一种动作与释放值可调节的电压继电器。（　　）

278.转子串频敏变阻器启动的转矩大,适合重载启动。（　　）

279.自动开关属于手动电器。（　　）

280.自动空气开关具有过载、短路和欠电压保护。（　　）

281.自动切换电器依靠本身参数的变化或外来信号而自动进行工作。（　　）

282.组合开关可直接启动 5 kW 以下的电动机。（　　）

283.组合开关在直接控制电动机时,其额定电流可取电动机额定电流的 2~3 倍。（　　）

二、选择题

1.(　　)的电机,在通电前,必须先做各绕组的绝缘电阻检查,合格后才可通电。

A.不常用,但电机停止不超过一天

B.一直在用,停止没超过一天

C.新装或未用过的

2.(　　)可用于操作高压跌落式熔断器、单极隔离开关及装设临时接地线等。

A.绝缘手套　　B.绝缘鞋　　C.绝缘棒

3.(　　)是保证电气作业安全的技术措施之一。

A.工作票制度　　B.验电　　C.工作许可制度

4.(　　)是登杆作业时必备的保护用具,无论用登高板或脚扣都要用其配合使用。

A.安全带　　B.梯子　　C.手套

5.(　　)仪表可直接用于交、直流测量,且精确度高。

A.磁电式　　B.电磁式　　C.电动式

6.(　　)仪表由固定的线圈,可转动的铁芯及转轴、游丝、指针、机械调零机构等组成。

A.电磁式　　B.磁电式　　C.感应式

7.《特低电压(ELV)限值》(GB/T 3805—2008)中规定:在正常环境下,正常工作时工频电压有效值的限值为(　　)V。

A.33　　B.70　　C.55

8.“禁止合闸,有人工作”的标志牌应制作为(　　)。

A.红底白字　　B.白底红字　　C.白底绿字

9.电路一般是由电源、负载、中间环节等(　　)基本部分组成的。

A.三个　　B.四个　　C.五个

10.组合开关的通断能力较低,故不可能用来分断(　　)电流。

A.负荷　　B.额定　　C.故障

11.6~10 kV 架空线路的导线经过居民区时,线路与地面的最小距离为(　　)m。

A.6　　B.5　　C.6.5

12.PE 线或 PEN 线上除工作接地外其他接地点的再次接地称为(　　)接地。

A.直接　　B.间接　　C.重复

13.PN 结两端加正向电压时,其正向电阻(　　)。

A.大　　B.小　　C.不变

14.TN-S 俗称(　　)。

A.三相五线　　B.三相四线　　C.三相三线

15.安培定则也称为(　　)。

A.右手定则　　B.左手定则　　C.右手螺旋法则

16.按国际和我国标准,(　　)线只能用作保护接地或保护接零线。

A.黑色　　B.蓝色　　C.黄绿双色

17.暗装的开关及插座应有(　　)。

A.明显标志　　B.盖板　　C.警示标志

18.保护线(接地或接零线)的颜色按标准应采用(　　)。

A.蓝色　　B.红色　　C.黄绿双色

19.保险绳的使用应(　　)。

A.高挂低用　　B.低挂高用　　C.保证安全

20.变压器和高压开关柜,防止雷电侵入产生破坏的主要措施是(　　)。

A.安装避雷线　　B.安装避雷器　　C.安装避雷网

21.并联电力电容器的作用是(　　)。

A.降低功率因数　　B.提高功率因数　　C.维持电流

22.测量电动机线圈对地的绝缘电阻时,兆欧表的"L""E"两个接线柱应(　　)。

A."E"接在电动机出线的端子,"L"接在电动机外壳

B."L"接在电动机出线的端子,"E"接在电动机外壳

C.随便接,没有规定

23.测量电压时,电压表应与被测电路(　　)。

A.并联　　B.串联　　C.正接

24.测量接地电阻时,电位探针应接在距接地端(　　)m 的地方。

A.20　　B.5　　C.40

25.穿管导线内最多允许(　　)个导线接头。

A.2　　B.1　　C.0

26.串联电路中,各电阻两端电压的关系是(　　)。

A.各电阻两端电压相等

B.阻值越小两端电压越高

C.阻值越大两端电压越高

27.纯电容元件在电路中(　　)电能。

A.储存　　B.分配　　C.消耗

28.从制造角度考虑,低压电器是指在交流 50 Hz、额定电压(　　)V 或直流额定电压 1 500 V及以下电气设备。

A.400　　B.800　　C.1 000

29.带电体的工作电压越高,要求其间的空气距离(　　)。

A.越大　　B.一样　　C.越小

30.单极型半导体器件是(　　)。

A.二极管　　B.双极性二极管　　C.场效应管

31.单相电度表主要由一个可转动铝盘和分别绕在不同铁芯上的一个(　　)和一个电流线圈组成。

A.电压互感器　　B.电压线圈　　C.电阻

32.单相三孔插座的上孔接(　　)。

A.相线　　B.零线　　C.地线

33.当发生低压电气火灾时,首先应做的是(　　)。

A.迅速离开现场去报告领导　　B.迅速设法切断电源

C.迅速用干粉或者二氧化碳灭火器灭火

34.当电气火灾发生时,应首先切断电源再灭火,当电源无法切断时,只能带电灭火,500 V

低压配电柜灭火可选用的灭火器是(　　)。

A.二氧化碳灭火器　　B.泡沫灭火器　　C.水基式灭火器

35.当电气设备发生接地故障,接地电流通过接地体向大地流散时,若人在接地短路点周围行走,则其两脚间的电位差引起的触电称为(　　)触电。

A.单相　　B.跨步电压　　C.感应电

36.当电压为 5 V 时,导体的电阻值为 5 Ω,那么当电阻两端电压为 2 V 时,导体的电阻值为(　　)Ω。

A.10　　B.5　　C.2

37.空气开关动作后,用手触摸其外壳,发现开关外壳较热,则可能是(　　)。

A.短路　　B.过载　　C.欠压

38.当一个熔断器保护一盏灯时,熔断器应串联在开关(　　)。

A.前　　B.后　　C.中

39.导线的中间接头采用铰接时,先在中间互绞(　　)圈。

A.1　　B.2　　C.3

40.导线接头缠绝缘胶布时,后一圈压在前一圈胶布宽度的(　　)。

A.1/3　　B.1/2　　C.1

41.导线接头的机械强度不小于原导线机械强度的(　　)%。

A.80　　B.90　　C.95

42.导线接头的绝缘强度应(　　)原导线的绝缘强度。

A.大于　　B.等于　　C.小于

43.导线接头电阻要足够小,与同长度同截面导线的电阻比不大于(　　)。

A.1　　B.1.5　　C.2

44.导线接头连接不紧密,会造成接头(　　)。

A.绝缘不够　　B.发热　　C.不导电

45.导线接头应接触紧密和(　　)等。

A.牢固可靠　　B.拉不断　　C.不会发热

46.登杆前,应对脚扣进行(　　)。

A.人体载荷冲击试验　　B.人体静载荷试验　　C.人体载荷拉伸试验

47.低压电工作业是指对(　　)V 以下的电气设备进行安装、调试、运行等操作的作业。

A.500　　B.250　　C.1 000

48.低压电器按其动作方式可分为自动切换电器和(　　)电器。

A.非电动　　B.非自动切换　　C.非机械

49.低压电器可归为低压配电电器和(　　)电器。

A.电压控制　　B.低压控制　　C.低压电动

50.低压电容器的放电负载通常为(　　)。

A.灯泡　　B.线圈　　C.互感器

51.低压断路器也称为(　　)。

A.总开关　　B.闸刀　　C.自动空气开关

52.低压熔断器广泛应用于低压供配电系统和控制系统中，主要用于(　　)保护，有时也可用于过载保护。

A.速断　　B.短路　　C.过流

53.低压线路中的零线采用的颜色是(　　)。

A.淡蓝色　　B.深蓝色　　C.黄绿双色

54.碘钨灯属于(　　)光源。

A.电弧　　B.气体放电　　C.热辐射

55.电磁力的大小与导体的有效长度成(　　)。

A.反比　　B.正比　　C.不变

56.电动机作为电动机磁通的通路，要求(　　)材料有良好的导磁性能。

A.端盖　　B.机座　　C.定子铁芯

57.电动机定子三相绕组与交流电源的连接称为接法，其中Y为(　　)。

A.星形接法　　B.三角形接法　　C.延边三角形接法

58.电动机在额定工作状态下运行时，(　　)的机械功率称为额定功率。

A.允许输入　　B.允许输出　　C.推动电机

59.电动机在额定工作状态下运行时，定子电路所加的(　　)称为额定电压。

A.相电压　　B.线电压　　C.额定电压

60.电动势的方向是(　　)。

A.从正极指向负极　　B.从负极指向正极　　C.与电压方向相同

61.电感式日光灯镇流器的内部是(　　)。

A.电子电路　　B.线圈　　C.振荡电路

62.电机在运行时，要通过(　　)、看、闻等方法及时监视电动机。

A.听　　B.记录　　C.吹风

63.电机在正常运行时的声音是平稳、轻快、(　　)和有节奏的。

A.尖叫　　B.均匀　　C.摩擦

64.电烙铁用于(　　)导线接头等。

A.锡焊　　B.铜焊　　C.铁焊

65.电流表的符号是(　　)。

A. Ω　　B.A　　C. V

66.电流从左手到双脚引起心室颤动效应，一般认为通电时间与电流的乘积大于(　　)mA·s时就有生命危险。

A.30　　B.16　　C.50

67.电流对人体的热效应造成的伤害是(　　)。

A.电烧伤　　B.电烙印　　C.皮肤金属化

68.电流继电器使用时其吸引线圈直接或通过电流互感器(　　)在被控电路中。

A.并联　　B.串联　　C.串联或并联

69.电能表是测量(　　)用的仪器。

A.电压　　B.电流　　C.电能

70.电气火灾的引发是由于危险温度的存在，危险温度的引发主要是由于(　　)。

A.设备负载轻　　B.电压波动　　C.电流过大

71.发生电气火灾时，应先切断电源再扑救，但不知或不清楚开关在何处时，应剪断电线，剪切时要(　　)

A.几根线迅速同时剪断

B.不同相线在不同位置剪断

C.在同一位置一根一根地剪断

72.电容量的单位是(　　)。

A.法　　B.乏　　C.安培·小时

73.电容器可用万用表(　　)挡进行检查。

A.电压　　B.电流　　C.电阻

74.电容器在用万用表检查时指针摆动后应该(　　)。

A.保持不动　　B.逐渐回摆　　C.来回摆动

75.电容器属于(　　)设备。

A.危险　　B.运动　　C.静止

76.电容器组禁止(　　)。

A.带电合闸　　B.带电荷合闸　　C.停电合闸

77.电伤是由电流的(　　)效应对人体所造成的伤害。

A.化学　　B.热　　C.热、化学与机械

78.电压继电器使用时其吸引线圈直接或通过电压互感器(　　)在被控电路中。

A.串联　　B.并联　　C.串联或并联

79.《电业安全工作规程》(GB 26164—2010)规定，对地电压为(　　)V及以下的设备为低压设备。

A.380　　B.400　　C.250

80.断路器的电气图形为(　　)。

A.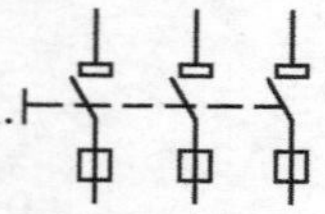　　B.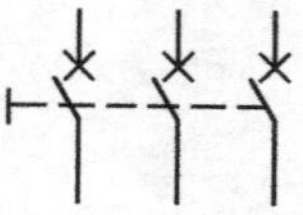　　C.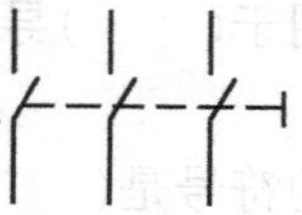

81.断路器的选用，应先确定断路器的(　　)，然后才进行具体参数的确定。

A.额定电流　　B.类型　　C.额定电压

82.断路器是通过手动或电动等操作机构使断路器合闸，通过(　　)装置使断路器自动跳闸，达到故障保护目的。

A.活动　　B.自动　　C.脱扣

83.对电机各绕组的绝缘检查，如测出绝缘电阻为零，在发现无明显烧毁的现象时，可进行烘干处理，这时(　　)通电运行。

A.不允许　　B.允许　　C.烘干好后就可

84.对电机各绕组的绝缘检查，要求是：电动机每1 kV工作电压，绝缘电阻(　　)。

A.大于等于1 MΩ　　B.小于0.5 MΩ　　C.等于0.5 MΩ

85.对电机内部的脏物及灰尘清理，应用（　　）。

A.湿布抹擦　　B.布上蘸汽油、煤油等抹擦　　C.用压缩空气吹或用干布抹擦

86.对电机轴承润滑的检查，（　　）电动机转轴，看是否转动灵活，听有无异响。

A.用手转动　　B.通电转动　　C.用其他设备带动

87.对颜色有较高区别要求的场所，宜采用（　　）。

A.彩灯　　B.白炽灯　　C.紫色灯

88.对于低压配电网，配电容量在 100 kW 以下时，设备保护接地的接地电阻不应超过（　　）Ω。

A.6　　B.10　　C.4

89.对照电机与其铭牌检查，主要有（　　）、频率、定子绕组的连接方法。

A.电源电流　　B.电源电压　　C.工作制

90.防静电的接地电阻要求不大于（　　）Ω。

A.40　　B.10　　C.100

91.非自动切换电器是依靠（　　）直接操作来进行工作的。

A.电动　　B.外力（如手控）　　C.感应

92.感应电流的方向总是使感应电流的磁场阻碍引起感应电流的磁通变化，这一定律称为（　　）。

A.法拉第定律　　B.特斯拉定律　　C.楞次定律

93.高压验电器的发光电压不应高于额定电压的（　　）%。

A.50　　B.25　　C.75

94.根据线路电压等级和用户对象，电力线路可分为配电线路和（　　）线路。

A.动力　　B.照明　　C.送电

95.更换和检修用电设备时，最好的安全措施是（　　）。

A.切断电源　　B.站在凳子上操作　　C.戴橡皮手套操作

96.更换熔体或熔管，必须在（　　）的情况下进行。

A.不带电　　B.带电　　C.带负载

97.更换熔体时，原则上新熔体与旧熔体的规格要（　　）。

A.不同　　B.相同　　C.更新

98.国家标准规定：（　　）kW 以上的电动机均采用三角形接法。

A.4　　B.3　　C.7.5

99.合上电源开关，熔丝立即烧断，则线路（　　）。

A.短路　　B.漏电　　C.电压太高

100.几种线路同杆架设时，必须保证高压线路在低压线路（　　）。

A.右方　　B.左方　　C.上方

101.继电器是一种根据（　　）来控制电路“接通”或“断开”的自动电器。

A.电信号

B.外界输入信号（电信号或非电信号）

C.非电信号

102.尖嘴钳 150 mm 是指(　　)。

A.其总长度为 150 mm　B.其绝缘手柄为 150 mm　C.其开口 150 mm

103.建筑施工工地的用电机械设备(　)安装漏电保护装置。

A.应　B.不应　C.没规定

104.将一根导线均匀拉长为原长的 2 倍,则它的阻值为原阻值的(　　)倍。

A.1　B.2　C.4

105.降压启动是指启动时降低加在电动机(　　)绕组上的电压,启动运转后,再使其电压恢复到额定电压正常运行。

A.转子　B.定子　C.定子及转子

106.交流 10 kV 母线电压是指交流三相三线制的(　　)。

A.线电压　B.相电压　C.线路电压

107.交流电路中电流比电压滞后 90°,该电路属于(　　)电路。

A.纯电阻　B.纯电感　C.纯电容

108.交流接触器的电寿命约为机械寿命的(　　)倍。

A.10　B.1　C.1/20

109.交流接触器的额定工作电压,是指在规定条件下,能保证电器正常工作的(　　)电压。

A.最高　B.最低　C.平均

110.交流接触器的机械寿命是指在不带负载的操作次数,一般达(　　)。

A.10 万次以下　B.600 万次　C.1 000 万次

111.胶壳刀开关在接线时,电源线接在(　　)。

A.下端(动触点)　B.上端(静触点)　C.两端都可

112.接地电阻测量仪是测量(　　)的装置。

A.绝缘电阻　B.直流电阻　C.接地电阻

113.接地电阻测量仪主要由手摇发电机、(　　)、电位器以及检流计组成。

A.电压互感器　B.电流互感器　C.变压器

114.接地线应用多股软裸铜线,其截面积不得小于(　　)mm^2。

A.10　B.6　C.25

115.静电防护的措施比较多,下面常用又行之有效的可消除设备外壳静电的方法是(　　)。

A.接零　B.接地　C.串接

116.静电现象是十分普遍的电现象,(　　)是它的最大危害。

A.高电压击穿绝缘

B.对人体放电,直接置人于死地

C.易引发火灾

117.具有反时限安秒特性的元件具备短路保护和(　　)保护能力。

A.机械　B.温度　C.过载

118.据一些资料表明,心跳呼吸停止,在(　　)min 内进行抢救,约 80%可以救活。

A.1　　B.2　　C.3

119.绝缘安全用具分为(　　)安全用具和辅助安全用具。

A.直接　　B.间接　　C.基本

120.绝缘材料的耐热等级为 E 级时,其极限工作温度为(　　)℃。

A.90　　B.105　　C.120

121.绝缘手套属于(　　)安全用具。

A.辅助　　B.直接　　C.基本

122.拉开闸刀时,如果出现电弧,应(　　)。

A.立即合闸　　B.迅速拉开　　C.缓慢拉开

123.雷电流产生的(　　)电压和跨步电压可直接使人触电死亡。

A.接触　　B.感应　　C.直击

124.利用(　　)来降低加在定子三相绕组上的电压的启动称为自耦降压启动。

A.自耦变压器　　B.频敏变压器　　C.电阻器

125.利用交流接触器作欠压保护的原理是当电压不足时,线圈产生的(　　)不足,触头分断。

A.涡流　　B.磁力　　C.热量

126.笼型异步电动机采用电阻降压启动时,启动次数(　　)。

A.不允许超过 3 次/h　　B.不宜太少　　C.不宜过于频繁

127.笼型异步电动机常用的降压启动有(　　)启动、自耦变压器降压启动、星-三角降压启动。

A.串电阻降压　　B.转子串电阻　　C.转子串频敏

128.笼型异步电动机降压启动能减少启动电流,但由于电动机的转矩与电压的平方成(　　),因此降压启动时转矩减少较多。

A.正比　　B.反比　　C.对应

129.漏电保护断路器在设备正常工作时,电路电流的相量和(　　),开关保持闭合状态。

A.为负　　B.为正　　C.为零

130.螺口灯头的螺纹应与(　　)相接。

A.零线　　B.相线　　C.地线

131.螺丝刀的规格是以柄部外面的杆身长度和(　　)表示。

A.厚度　　B.半径　　C.直径

132.螺旋式熔断器的电源进线应接在(　　)。

A.下端　　B.上端　　C.前端

133.落地插座应具有牢固可靠的(　　)。

A.标志牌　　B.保护盖板　　C.开关

134.每一照明(包括风扇)支路总容量一般不大于(　　)kW。

A.2　　B.3　　C.4

135.某四极电动机的转速为 1 440 r/min,则这台电动机的转差率为(　　)%。

A.4　　B.2　　C.6

136.脑细胞对缺氧最敏感，一般缺氧超过（　　）min 就会造成不可逆转的损害导致脑死亡。

A.8　　B.5　　C.12

137.频敏变阻器的构造与三相电抗相似，即由 3 个铁芯柱和（　　）绕组组成。

A.2 个　　B.1 个　　C.3 个

138.钳形电流表测量电流时，可以在（　　）电路的情况下进行。

A.断开　　B.短接　　C.不断开

139.钳形电流表使用时应先用较大量程，然后再视被测电流的大小变换量程。切换量程时应（　　）

A.先退出导线，再转动量程开关　　B.直接转动量程开关

C.一边进线一边换挡

140.钳形电流表是利用（　　）的原理制造的。

A.电压互感器　　B.电流互感器　　C.变压器

141.钳形电流表由电流互感器和带（　　）的磁电式表头组成。

A.整流装置　　B.测量电路　　C.指针

142.墙边开关安装时距地面的高度为（　　）m。

A.1.3　　B.1.5　　C.2

143.确定正弦量的三要素为（　　）。

A.相位、初相位、相位差　　B.最大值、频率、初相角　　C.周期、频率、角频率

144.热继电器的保护特性与电动机过载特性贴近，是为了充分发挥电动机的（　　）能力。

A.过载　　B.控制　　C.节流

145.热继电器的整定电流为电动机额定电流的（　　）%。

A.120　　B.100　　C.130

146.热继电器具有一定的（　　）自动调节补偿功能。

A.时间　　B.频率　　C.温度

147.人体的室颤电流约为（　　）mA。

A.30　　B.16　　C.50

148.人体体内电阻约为（　　）Ω。

A.300　　B.200　　C.500

149.人体同时接触带电设备或线路中的两相导体时，电流从一相通过人体流入另一相，这种触电现象称为（　　）触电。

A.单相　　B.两相　　C.感应电

150.人体直接接触带电设备或线路中的一相时，电流通过人体流入大地，这种触电现象称为（　　）触电。

A.单相　　B.两相　　C.三相

151.日光灯属于（　　）光源。

A.热辐射　　B.气体放电　　C.生物放电

152.熔断器的保护特性又称为（　　）。

A.灭弧特性　　B.安秒特性　　C.时间性

153.熔断器的额定电流(　　)电动机的启动电流。

A.大于　　B.等于　　C.小于

154.熔断器在电动机的电路中起(　　)保护作用。

A.过载　　B.短路　　C.过载和短路

155.如果触电者心跳停止,有呼吸,应立即对触电者施行(　　)急救。

A.仰卧压胸法　　B.胸外心脏按压法　　C.俯卧压背法

156.3 个阻值相等的电阻串联时的总电阻是并联时总电阻的(　　)倍。

A.6　　B.9　　C.3

157.三相对称负载接成星形时,三相总电流(　　)。

A.等于零

B.等于其中一相电流的 3 倍

C.等于其中一相电流

158.三相交流电路中,A 相用(　　)标记。

A.红色　　B.黄色　　C.绿色

159.三相笼型异步电动机的启动方式有两类,即在额定电压下的直接启动和(　　)启动。

A.转子串频敏　　B.转子串电阻　　C.降低启动电压

160.三相四线制的零线截面积一般(　　)相线截面积。

A.小于　　B.大于　　C.等于

161.三相异步电动机按其(　　)的不同可分为开启式、防护式、封闭式三大类。

A.外壳防护方式　　B.供电电源　　C.结构形式

162.三相异步电动机虽然种类繁多,但基本结构均由(　　)和转子两大部分组成。

A.定子　　B.外壳　　C.罩壳及机座

163.三相异步电动机一般可直接启动的功率为(　　) kW 以下。

A.10　　B.7　　C.16

164.生产经营单位的主要负责人在本单位发生重大生产安全事故后逃匿的,由(　　)处 15 日以下拘留。

A.检察机关　　B.公安机关　　C.安全生产监督管理部门

165.使用剥线钳时应选用比导线直径(　　)的刃口。

A.稍大　　B.稍小　　C.较大

166.使用竹梯时,梯子与地面的夹角以(　　)为宜。

A.60°　　B.50°　　C.70°

167.事故照明一般采用(　　)。

A.日光灯　　B.白炽灯　　C.高压汞灯

168. 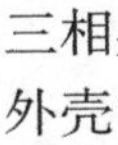 是(　　)触头。

A.延时闭合动合　　B.延时断开动合　　C.延时断开动断

169.碳在自然界中有金刚石和石墨两种存在形式,其中石墨是(　　)。

A.绝缘体　　　　B.导体　　　　C.半导体

170.特别潮湿的场所应采用(　　)V的安全特低电压。

A.24　　　　B.42　　　　C.12

171.特低电压限值是指在任何条件下,任意两导体之间出现的(　　)电压值。

A.最小　　　　B.最大　　　　C.中间

172.特种作业操作证每(　　)年复审1次。

A.4　　　　B.5　　　　C.3

173.特种作业操作证有效期为(　　)年。

A.8　　　　B.12　　　　C.6

174.特种作业人员必须年满(　　)周岁

A.19　　　　B.18　　　　C.20

175.特种作业人员在操作证有效期内,连续从事本工种10年以上,无违法行为,经考核发证机关同意,操作证复审时间可延长至(　　)年。

A.6　　　　B.4　　　　C.10

176.铁壳开关的电气图形为(　　),文字符号为QS。

A. 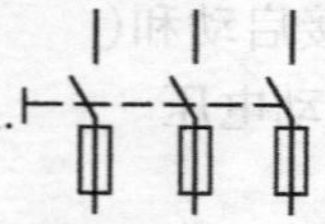　　　　B. 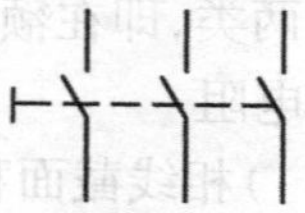　　　　C. 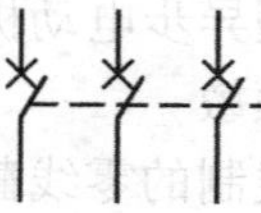

177.铁壳开关在控制电动机启动和停止时,要求额定电流要大于或等于(　　)倍电动机额定电流。

A.1　　　　B.2　　　　C.3

178.通电线圈产生的磁场方向不但与电流方向有关,而且还与线圈(　　)有关。

A.长度　　　　B.绕向　　　　C.体积

179.下图所示的电路中,在开关 S_1 和 S_2 都合上后,可触摸的是(　　)。

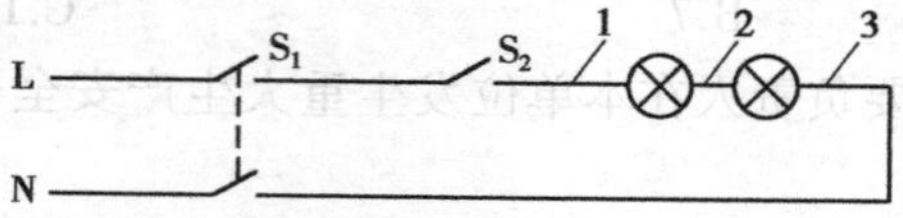

A.第2段　　　　B.第3段　　　　C.无

180.万能转换开关的基本结构是(　　)。

A.触点系统　　　　B.反力系统　　　　C.线圈部分

181.万用表电压量程2.5 V是指当指针指在(　　)位置时电压值为2.5 V。

A.1/2量程　　　　B.满量程　　　　C.2/3量程

182.万用表实质上是一个带有整流器的(　　)仪表。

A.磁电式　　　　B.电磁式　　　　C.电动式

183.万用表由表头、(　　)和转换开关3个主要部分组成。

A.线圈　　　　B.测量电路　　　　C.指针

184.为避免高压变配电站遭受直击雷,引发大面积停电事故,一般可用(　　)来防雷。

A.阀型避雷器　　　　B.接闪杆　　　　C.接闪网

185.为了检查可以短时停电,在触及电容器前必须(　　)。

A.充分放电　　B.长时间停电　　C.冷却之后

186.稳压二极管的正常工作状态是(　　)。

A.导通状态　　B.截止状态　　C.反向击穿状态

187.我们平时称的瓷瓶,在电工专业中称为(　　)。

A.隔离体　　B.绝缘瓶　　C.绝缘子

188.我们使用的照明电压为 220 V,这个值是交流电的(　　)。

A.有效值　　B.最大值　　C.恒定值

189.锡焊晶体管等弱电元件以用(　　)W 的电烙铁为宜。

A.75　　B.25　　C.100

190.(　　)是保证电气作业安全的组织措施。

A.停电　　B.工作许可制度　　C.悬挂接地线

191.下列材料中,不能作为导线使用的是(　　)。

A.铜绞线　　B.钢绞线　　C.铝绞线

192.下列材料中,导电性能最好的是(　　)。

A.铝　　B.铜　　C.铁

193.下列灯具中,功率因数最高的是(　　)。

A.白炽灯　　B.节能灯　　C.日光灯

194.下列现象中,可判定是接触不良的是(　　)。

A.日光灯启动困难　　B.灯泡忽明忽暗　　C.灯泡不亮

195.下列物质中,属于顺磁性材料的是(　　)。

A.水　　B.铜　　C.空气

196.下列电工元件符号中,属于电容器电工符号的是(　　)。

A.　　B.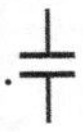　　C.

197.线路单相短路是指(　　)。

A.电流太大　　B.功率太大　　C.零火线直接接通

198.用(　　)测量线路或设备的绝缘电阻。

A.兆欧表　　B.万用表的电阻挡　　C.接地兆欧表

199.相线应接在螺口灯头的(　　)。

A.螺纹端子　　B.中心端子　　C.外壳

200.新装和大修后的低压线路和设备,要求绝缘电阻不低于(　　)MΩ。

A.1　　B.0.5　　C.1.5

201.行程开关的组成包括(　　)。

A.保护部分　　B.线圈部分　　C.反力系统

202.旋转磁场的旋转方向决定于通入定子绕组中的三相交流电源的相序,只要任意调换电动机(　　)所接交流电源的相序,旋转磁场即反转。

A.一相绕组　　B.两相绕组　　C.三相绕组

203.选择电压表时，其内阻(　　)被测负载的电阻为好。

A.远大于　　B.远小于　　C.等于

204.兆欧表的两个主要组成部分是手摇(　　)和磁电式流比计。

A.电流互感器　　B.直流发电机　　C.交流发电机

205.一般电器所标或仪表所指示的交流电压、电流的数值是(　　)。

A.最大值　　B.有效值　　C.平均值

206.一般情况下，220 V 工频电压作用下人体的电阻为(　　)Ω。

A.500～1 000　　B.800～1 600　　C.1 000～2 000

207.照明系统中的每一单相回路上，灯具与插座的数量不宜超过(　　)个。

A.20　　B.25　　C.30

208.一般照明场所的线路允许电压损失为额定电压的(　　)。

A.±5%　　B.±10%　　C.±15%

209.一般的照明电源优先选用(　　)V。

A.220　　B.380　　C.36

210.一般照明线路中，无电的依据是(　　)。

A.用兆欧表测量，兆欧表无显示

B.用电笔验电，电笔无反应

C.用电流表测量，电流表无显示

211.下列图形中，(　　)是按钮的电气图形。

A.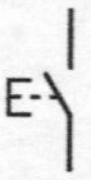　　B.　　C.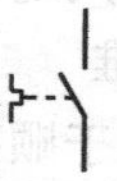

212.异步电动机在启动瞬间，转子绕组中感应的电流很大，使定子流过的启动电流也很大，约为额定电流的(　　)倍。

A.2　　B.4～7　　C.9～10

213.引起电光性眼炎的主要原因是(　　)。

A.可见光　　B.红外线　　C.紫外线

214.应装设报警式漏电保护器而不自动切断电源的是(　　)。

A.招待所插座回路　　B.生产用的电气设备　　C.消防用电梯

215.用万用表测量电阻时，黑表笔接表内电源的(　　)。

A.负极　　B.两极　　C.正极

216.用兆欧表测量电阻的单位是(　　)。

A.kΩ　　B.Ω　　C.MΩ

217.用于电气作业书面依据的工作票应一式(　　)份。

A.3　　B.2　　C.4

218.运输液化气、石油等的槽车在行驶时，槽车底部采用金属链条或导电橡胶使之与大地接触，其目的是(　　)。

A.泄漏槽车行驶中产生的静电荷

B.中和槽车行驶中产生的静电荷

C.使槽车与大地等电位

219.载流导体在磁场中将会受到(　　)的作用。

A.电磁力　　B.磁通　　C.电动势

220.在半导体电路中,主要选用快速熔断器做(　　)保护。

A.过压　　B.短路　　C.过热

221.在不接地系统中,如发生单相接地故障,那么其他相线对地电压会(　　)。

A.升高　　B.降低　　C.不变

222.在采用多级熔断器保护中,后级熔体额定电流比前级大,目的是防止熔断器越级熔断而(　　)。

A.查障困难　　B.减小停电范围　　C.扩大停电范围

223.在电力控制系统中,使用最广泛的是(　　)交流接触器。

A.气动式　　B.电磁式　　C.液动式

224.在电路中,开关应控制(　　)。

A.零线　　B.相线　　C.地线

225.在电气线路安装时,导线与导线或导线与电气螺栓之间的连接最易引发火灾的连接工艺是(　　)。

A.铜线与铝线绞接　　B.铝线与铝线绞接　　C.铜铝过渡接头压接

226.在对 380 V 电动机各绕组的绝缘检查中,发现绝缘电阻(　　),则可初步判定为电动机受潮,应对电动机进行烘干处理。

A.大于 0.5 MΩ　　B.小于 10 MΩ　　C.小于 0.5 MΩ

227.在对可能存在较高跨步电压的接地故障点进行检查时,室内不得接近故障点(　　) m 以内。

A.3　　B.2　　C.4

228.在检查插座时,电笔在插座的两个孔均不亮,应首先判断是(　　)。

A.短路　　B.相线断线　　C.零线断线

229.在均匀磁场中,通过某一平面的磁通量为最大时,这个平面就和磁力线(　　)。

A.平行　　B.垂直　　C.斜交

230.在雷暴雨天气,应将门和窗户等关闭,其目的是防止(　　)侵入屋内,造成火灾、爆炸或人员伤亡。

A.感应雷　　B.球形雷　　C.直接雷

231.在铝绞线中加入钢芯的作用是(　　)。

A.增大导线面积　　B.提高导电能力　　C.提高机械强度

232.在民用建筑物的配电系统中,一般采用(　　)断路器。

A.框架式　　B.电动式　　C.漏电保护

233.在三相对称交流电源星形连接中,线电压超前于所对应的相电压(　　)。

A.120°　　B.30°　　C.60°

234.在狭窄场所如锅炉、金属容器、管道内作业时应使用(　　)电动工具。

A.Ⅱ类　　B.Ⅰ类　　C.Ⅲ类

235.在选择漏电保护装置的灵敏度时,要避免由于正常(　　)引起的不必要动作而影响正常供电。

A.泄漏电压　　B.泄漏电流　　C.泄漏功率

236.在一般场所,为保证使用安全,应选用(　　)电动工具。

A.Ⅱ类　　B.Ⅰ类　　C.Ⅲ类

237.在一个闭合回路中,电流强度与电源电动势成正比,与电路中内电阻和外电阻之和成反比,这一定律称为(　　)。

A.全电路欧姆定律　　B.全电路电流定律　　C.部分电路欧姆定律

238.在易燃、易爆危险场所,电气设备应安装(　　)的电气设备。

A.电压安全　　B.密封性好　　C.防爆型

239.在易燃、易爆危险场所,供电线路应采用(　　)方式供电。

A.单相三线制,三相四线制

B.单相三线制,三相五线制

C.单相两线制,三相五线制

240.在易燃、易爆场所使用的照明灯具应采用(　　)灯具。

A.防潮型　　B.防爆型　　C.普通型

241.选用电器应遵循的两个基本原则是安全原则和(　　)原则。

A.性能　　B.经济　　C.功能

242.指针式万用表测量电阻时标度尺最右侧是(　　)。

A.∞　　B.0　　C.不确定

243.下列属于控制电器的是(　　)。

A.熔断器　　B.接触器　　C.刀开关

244.装设接地线,当检验明确无电压后,应立即将检修设备接地并(　　)短路。

A.两相　　B.单相　　C.三相

245.组合开关用于电动机可逆控制时,(　　)允许反向接通。

A.可在电动机停后就

B.不必在电动机完全停转后才

C.必须在电动机完全停转后才

模块二　高压电工初训试题

一、判断题

1.完整的电路通常是由电源、传输导线、控制电器和负载四部分组成的。（　　）

2.从定义上讲，电位和电压相似，电位改变电压也跟着改变。（　　）

3.流过阻值大的电阻的电流一定较流过阻值小的电阻的电流小。（　　）

4.线性电阻两端电压为 10 V，电阻值为 100 Ω，当电压升至 20 V 时，电阻值将为 200 Ω。（　　）

5.导体的长度和横截面积都增大一倍，其电阻值不变。（　　）

6.导体的电阻与导体的温度有关，一般金属材料的电阻随温度的升高而增加。（　　）

7.电子运动的方向为电流的正方向。（　　）

8.在电路中流动的多数是带负电荷的自由电子，而习惯上规定以正电荷流动的方向为电流的正方向，与自由电子流动的实际方向相反。（　　）

9.电路中，电流的方向与电压的方向总是相同的。（　　）

10.电场中某一点和参考点之间的电压，就是该点的电位。（　　）

11.外力将单位正电荷由正极移向负极所做的功叫作电源电动势。（　　）

12.在电阻不变的情况下，加在电阻两端的电压与通过电阻的电流成正比。（　　）

13.并联电阻的等效电阻小于其中任意一个电阻的电阻值。（　　）

14.多个电阻并联时，总电阻值等于各个电阻值倒数之和。（　　）

15.多个电阻串联时，通过每个电阻的电流都相等。（　　）

16.两个电阻并联时，电阻越大其消耗的功率也越大。（　　）

17.两个 10 Ω 电阻并联，再与一个 5 Ω 电阻串联，其总电阻值为 15 Ω。（　　）

18.负载获得最大功率的条件是负载电阻等于电源内阻。（　　）

19.并联电阻起分流作用，阻值差别越大则分流作用越明显。（　　）

20.电功大的用电器，电功率也一定大。（　　）

21.电路中产生电能的装置是电源，而消耗电能的装置是负载。（　　）

22.某一金属导体，若长度增加一倍，截面积增加一倍，则导体电阻增加 4 倍。（　　）

23.标识为 100 W、220 V 的灯泡，接在 20 V 的电路中，其实际功率为 P_1；接在 10 V 电路中，实际功率为 P_2，则 $P_1>P_2$。（　　）

24.在一个闭合电路中，电流的大小只与电源电动势（E）、负载（R）的大小有关，与电源内阻（r_0）无关。（　　）

25.当电路处于通路状态时，外电路电阻上的电压等于电源电动势。（　　）

26.闭合电路中，负载电流变小，端电压一定变小。（　　）

27.如果改变电路中电流的参考方向，则电流的实际方向也跟着改变。（　　）

28.电路中负载的大小是指用电器的电阻值大小。（　　）

29.任何情况下，电源电动势的大小一定与电源端电压相等。（　　）

30.电路中两点间的电压很高,则这两点的电位也一定很高。 ( )

31.若电路中 a、b 两点的电位相等,则用导线将这两点连接起来并不影响电路的工作。 ( )

32.在电阻分压电路中,电阻值越大,其两端分得的电压就越大。 ( )

33.电路中 A、B 两点的电位分别是 $V_A=7\ V$,$V_B=-10\ V$,则 A 点对 B 点的电压是 17 V。 ( )

34.电路中任意两点间的电压值是相对的,任一点的电位值是绝对的。 ( )

35.一个 L_1"220 40 W"灯泡和一个 L_2"220 60 W"灯泡并联运行的电路中,流过 L_1 的电流比流过 L_2 的电流小。 ( )

36.把 25 W/220 V 的灯泡接在由 1 000 W/220 V 的发电机供电的线路上,灯泡一定会烧坏。 ( )

37.由一段无源支路欧姆定律公式 $R=U/I$ 可知,电阻的大小与电压有关。 ( )

38.电路中 A、B 两点的电位分别是 $V_A=-2\ V$,$V_B=-5\ V$,则 A、B 两点间的电压是−7 V。 ( )

39.在电路中,如果负载电功率为正值,则表示负载吸收电能,此时电路中电流与电压降的实际方向一致。 ( )

40.电路中 A、B 两点间的电压是 10 V,A 点的电位 $V_A=-5\ V$,则 B 点的电位 $V_B=5\ V$。 ( )

41.基尔霍夫电压定律是指在任一瞬间沿任意回路绕行一周,在这个方向上的电压升之和不一定等于电压降之和。 ( )

42.基尔霍夫电流定律仅适用于电路中的节点,与元件的性质有关。 ( )

43.基尔霍夫定律不只适用于简单电路,也适用于分析和计算复杂电路。 ( )

44.对于电路中任意一个闭合面,流入该闭合面的电流之和,一定等于流出该闭合面的电流之和。 ( )

45.沿顺时针和逆时针列写 KVL 基尔霍夫电压定律方程,其结果是相同的。 ( )

46.电路中 3 条或 3 条以上支路的连接点称为节点。 ( )

47.任一瞬间,任一闭合回路,沿绕行方向各部分电压的代数和为零,这是基尔霍夫电流定律。 ( )

48.基尔霍夫电压定律也适用于假想封闭面。 ( )

49.在任何闭合的直流电路中,流入电路的电流等于流出电路的电流。 ( )

50.直流电路中某一节点的电流代数和恒等于零。 ( )

51.戴维南定理适用于任何一个二端网络。 ( )

52.理想恒压源在一定条件下也可以等效为理想恒流源。 ( )

53.任何一个有源二端线性网络都可以用一个电动势和一个电阻并联来等效代替。 ( )

54.电源等效变换时,内阻是可以改变的。 ( )

55.戴维南定理仅适用于线性电路,对非线性电路则不适用。 ( )

56.内阻为零的电流源称为恒流源。 ( )

57.电压源和电流源等效变换前后,电源内部是不等效的。（　　）

58.两个理想电压源一个为 6 V,另一个为 9 V,极性相同,并联,其等效电压为 15 V。（　　）

59.任何一个有源二端线性网络都可以用一个电流源和一个电阻串联来等效代替。（　　）

60.一个电流源并联一个电阻的形式可等效为一个电压源串联一个电阻的形式。（　　）

61.在应用叠加定理进行电路分析时,若各个独立电源单独作用,而其他独立电源为零,则恒压源应作开路处理。（　　）

62.叠加定理能求电压和电流,也能求功率。（　　）

63.在应用叠加定理进行电路分析时,若各个独立电源单独作用,而其他独立电源为零,则恒流源应作短路处理。（　　）

64.用叠加定理分析计算某一电路,当某一电源独立作用时,其他电源不起作用。"不起作用"是指若为电压源则将其短路,若为电流源则将其开路,但所有不起作用的电源均要保留内阻。（　　）

65.不论电路是否闭合,只要穿过电路的磁通量发生变化,电路中就产生感应电动势。（　　）

66.磁力线上任意一点的切线方向就是该点的磁场方向。（　　）

67.磁场的方向就是磁力线的方向。（　　）

68.磁体两个磁极分别用字母 S 和 N 表示。（　　）

69.穿过线圈的磁通量变化率越小,则感应电动势越大。（　　）

70.感应电动势极性相同的端点一定是同名端。（　　）

71.感应电流产生的磁通总是与原磁通方向相反。（　　）

72.将一根条形磁铁截去一段仍为条形磁铁,它仍然具有两个磁极。（　　）

73.同性磁极相斥,异性磁极相吸。（　　）

74.在均匀磁场中,磁感应强度 B 与垂直于它的截面积 S 的乘积,称为该截面的磁通密度。（　　）

75.线圈自感系数的大小,决定于线圈本身的结构,而与周围介质的导磁系数无关。（　　）

76.线圈右手螺旋定则:四指的方向表示电流方向,大拇指的方向表示磁力线方向。（　　）

77.要获得感应电流必须做功。（　　）

78.导体在磁场中做切割磁场线运动,导体内一定会产生感应电流。（　　）

79.右手螺旋定则用于判定线圈的磁场方向。（　　）

80.左手定则用于判定电动机旋转方向。（　　）

81.右手定则用于判定发电机电动势方向。（　　）

82.直导线在磁场中运动一定会产生感应电动势。（　　）

83.当导体的运动方向和磁力线平行时,感应电动势等于零。（　　）

84.自感电动势的大小只与电流变化快慢有关。（　　）

85.因线圈本身的电流变化而在线圈内部产生电磁感应的现象,称为互感现象。（ ）

86.一个线圈电流变化而在另一个线圈产生电磁感应的现象,称为自感现象。（ ）

87.如果通过某一截面的磁通为零,则该截面处的磁感应强度一定为零。（ ）

88.在电磁感应中,感应电流和感应电动势是同时存在的:没有感应电流,也就没有感应电动势。（ ）

89.自感电动势的方向总是与产生它的电流的方向相反。（ ）

90.线性电容的容量只与极板面积和极板间的距离有关,与中间介质无关。（ ）

91.纯电容器能够储存电荷而产生电场,所以它是储能元件。（ ）

92.多个电容串联,其等效电容量的倒数等于各串联电容的电容量的倒数之和。（ ）

93.多个电容串联时,电容量较大的电容分压较多。（ ）

94.纯电阻单相正弦交流电路中,电压与电流的瞬时值遵循欧姆定律。（ ）

95.最大值是正弦交流电在变化过程中出现的最大瞬时值。（ ）

96.两个同频率正弦量相等的条件是最大值相等。（ ）

97.正弦量可以用相量表示,所以正弦量也等于相量。（ ）

98.正弦交流电的周期与角频率的关系是二者互为倒数。（ ）

99.有两个频率和初相位不同的正弦交流电压 u_1 和 u_2,若它们的有效值相同,则最大值也相同。（ ）

100.电阻两端的交流电压与流过电阻的电流相位相同,在电阻一定时,电流与电压成正比。（ ）

101.纯电感器能够储存电荷而产生电场,所以它是储能元件。（ ）

102.正弦交流电中的角频率就是交流电的频率。（ ）

103.电容 C 是由电容器的电压大小决定的。（ ）

104.电容器的电容量是由电容器的外加电压大小决定的。（ ）

105.电容器串联后,其等效电容量总是小于其中任一电容器的电容量。（ ）

106.若干只不同容量的电容器并联,各电容器所带的电荷量相等。（ ）

117.正弦量的三要素是指它的最大值、角频率和相位。（ ）

108.$u_2=311\sin(628t+45°)$,其中45°表示初相位。（ ）

109.在交流电路中,电压、电流、电动势不一定都是交变的。（ ）

110.$u_2=311\sin(628t+45°)$,其中311表示有效值。（ ）

111.$u_2=311\sin(100\pi t+45°)$,其中100表示角频率。（ ）

112.一个纯电感线圈若接在直流电源上,电路处于稳定工作状态时,其感抗为0 Ω,则电路相当于短路。（ ）

113.感抗是表示电感对电流的阻碍作用的物理量,感抗与频率成反比。（ ）

114.对称三相Y接法电路,线电压最大值是相电压有效值的3倍。（ ）

115.视在功率就是有功功率加上无功功率。（ ）

116.相线间的电压就是线电压。（ ）

117.相线与零线间的电压称为相电压。（ ）

118.三相负载作星形连接时,线电流等于相电流。（ ）

119.三相负载作三角形连接时,线电压等于相电压。（　　）

120.交流电的超前和滞后,只能对同频率的交流电而言,不用同频率的交流电不能说超前和滞后。（　　）

121.纯电感线圈对于直流电来说,相当于短路。（　　）

122.三相对称电源接成三相四线制,目的是向负载提供两种电压,在低压配电系统中,标准电压规定线电压为 380 V,相电压为 220 V。（　　）

123.在三相四线制低压供电网中,三相负载越接近对称,其中性线电流就越小。（　　）

124.三相电流不对称时,无法由一相电流推知其他两相电流。（　　）

125.每相负载的端电压称为负载的相电压。（　　）

126.电器设备功率大,功率因数当然就大。（　　）

127.降低功率因数,对保证电力系统的经济运行和供电质量十分重要。（　　）

128.三相电动势达到最大值的先后次序称为相序。（　　）

129.从中性点引出的导线称为中性线,当中性线直接接地时称为零线,又称为地线。（　　）

130.从各相首端引出的导线称为相线,俗称火线。（　　）

131.有中性线的三相供电方式称为三相四线制,它常用于低压配电系统。（　　）

132.不引出中性线的三相供电方式称为三相三线制,一般用于高压输电系统。（　　）

133.公式 $P=UI\cos\psi$、$Q=U\sin\psi$、$S=UI$ 适用于任何单相正弦交流电路。（　　）

134.正弦交流电路中,无功功率就是无用功率。（　　）

135.无功功率的概念可以理解为这部分功率在电路中不起任何作用。（　　）

136.对同一个电容,交流电的频率越高,其容抗越小。（　　）

137.在 RLC 串联电路中,若 $R=X_L=X_C=100\ \Omega$,则该电路处于谐振状态。（　　）

138.电路发生谐振时,不会发生分电压大于总电压现象。（　　）

139.串联谐振在 L 和 C 两端将出现过电压现象,因此也把串联谐振称为电压谐振。（　　）

140.在日光灯两端并联适当容量的电容器,整个电路的功率因素提高了。（　　）

141.正弦交流电路中,电容元件上电压最大时,电流也最大。（　　）

142.在 RLC 串联电路中,若 $X_L>X_C$,则该电路为电感性电路。（　　）

143.谐振状态下电源供给电路的功率全部消耗在电阻上。（　　）

144.电路发生谐振时,电源只供给电阻耗能,而电感件和电容元件进行能量转换。（　　）

145.在 RLC 串联电路中,容抗和感抗的数值越大,电路中的电流就越小,电流与电压的相位差就越大。（　　）

146.串联谐振时,感抗等于容抗,此时电路中的电流最大。（　　）

147.在 RLC 串联电路中,若谐振频率为 3 kHz,则当电源频率为 6 kHz 时电路呈电感性,且电压超前于电流相位。（　　）

148.串联谐振又称电压谐振,可在电路元件上产生高电压,故在电力电路中不允许出现串联谐振。（　　）

149.RLC 并联电路谐振时阻抗最大。（　　）

150.理想并联谐振电路对总电流产生的阻碍作用无穷大,因此总电流为零。（　　）

151.三相负载作三角形连接时,线电压等于相电压。 ( )
152.串联谐振电路不仅广泛应用于电子技术中,也广泛应用于电力系统中。 ( )
153.在 RLC 串联电路中,U_R、U_L 或 U_C 的数值有可能大于端电压。 ( )
154.RLC 多参数串联电路由感性变为容性的过程中,必然经过谐振点。 ( )
155.在感性负载两端并联电容器,电路的功率因素一定会提高。 ( )
156.由三个频率相同、振幅相同,但相位彼此相差 120°的电压源构成三相交流电源。 ( )
157.三相负载作三角形连接时,无论负载对称与否,各相负载所承受的电压均为对称的电源线电压。 ( )
158.在三相交流电源中,三相负载消耗的总功率等于各相负载消耗的功率之和。 ( )
159.我们把电路中开关的接通、断开或电路参数的突然变化等统称为“换路”。 ( )
160.换路后电容电压的初始值等于它在 $t=0$ 时刻的值,即 $U_C(0_+)=U_C(0_-)$。 ( )
161.换路瞬间电感电流不能跃变。 ( )
162.三相对称电动势任一瞬间的代数和为零。 ( )
163.负载作 Y 形连接时,总有 $U_L=\sqrt{3}U_p$ 成立。 ( )
164.三相用电器正常工作时,加在各相上的端电压等于电源线电压。 ( )
165.三相对称负载作三角形连接时,线电流是相电流的$\sqrt{3}$倍。 ( )
166.对称三相交流电任一瞬时值之和恒等于零,有效值之和恒等于零。 ( )
167.三相电源作 Y 形连接时,由各相首端向外引出的输电线俗称火线,由各相尾端公共点向外引出的输电线俗称零线,这种供电方式称为三相四线制。 ( )
168.对称三相 Y 形连接电路中,线电压超前于其相对应的相电压 30°。 ( )
169.中性线的作用就是使不对称 Y 形连接三相负载的端电压保持对称。 ( )
170.三相四线制供电,中性线的作用是保证负载不对称时,相电流对称。 ( )
171.当三相负载作星形连接时,负载越接近对称,中性线上的电流就越小。 ( )
172.三相不对称负载越接近对称,中性线上通过的电流就越小。 ( )
173.为保证中性线可靠,不能安装保险丝和开关,且中性线截面较粗。 ( )
174.中性线的作用是使三相不对称负载保持对称。 ( )
175.三相电路只要作 Y 形连接,负载的线电压在数值上就是相电压的$\sqrt{3}$倍。 ( )
176.半导体的导电能力在不同条件下有很大差别,若提高环境温度,则导电能力会减弱。 ( )
177.本征半导体温度升高后两种载流子浓度仍然相等。 ( )
178.N 型半导体中,主要依靠自由电子导电,空穴是少数载流子。 ( )
179.P 型半导体中不能移动的杂质离子带负电,说明 P 型半导体呈负电性。 ( )
180.PN 结正向偏置时,其内外电场方向一致。 ( )
181.晶体二极管为一个由 P 型半导体和 N 型半导体形成的 PN 结。 ( )
182.晶体二极管主要是依靠 PN 结而工作的。 ( )
183.二极管具有单向导电性。 ( )
184.二极管是线性器件。 ( )

185.二极管和三极管都是非线性器件。（　）

186.二极管处于导通状态，呈现很大的电阻，在电路中相当于开关的断开特性。（　）

187.二极管两端加上正向电压就一定会导通。（　）

188.二极管的核心是一个 PN 结，PN 结具有单向导电特性。（　）

189.PN 结的单向导电性，就是 PN 结正向偏置时截止，反向偏置时导通。（　）

190.二极管两端加上反向电压时，反向电流不随反向电压变化而变化，这时二极管的状态为截止。（　）

191.二极管的截止特性是其两端的反向电压增加时，反向电流基本不变。（　）

192.二极管只要工作在反向击穿区，就一定会被击穿损坏。（　）

193.点接触型二极管其 PN 结的静电容量小，适用于高频电路。（　）

194.整流二极管多为面接触型的二极管，结面积大、结电容大，但工作频率低。（　）

195.点接触型二极管只能用于大电流和整流。（　）

196.制作直流稳压电源元件中，整流二极管按照制造材料可分为硅二极管和锗二极管。（　）

197.半导体二极管按结构的不同，可分为点接触型和面接触型，各自能承受的正向电流值有较大区别。（　）

198.晶体二极管击穿后立即烧毁。（　）

199.热击穿和电击穿过程都是不可逆的。（　）

200.所谓理想二极管，就是当其正向偏置时，结电阻为零，等效成开关闭合；反向偏置时，结电阻为无穷大，等效成开关断开。（　）

201.二极管的最高反向工作电压是指整流二极管两端的反向电压不能超过规定的电压。如超过这个规定的电压，整流管就可能击穿。（　）

202.整流二极管在最高反向工作电压下工作时，反向电流越大，说明整流二极管的单向导电性能越好。（　）

203.使用稳压管时，阳极接高电位，阴极接低电位。（　）

204.发光二极管与普通二极管一样，是由一个 PN 结组成的，也具有单向导电性。（　）

205.稳压二极管是一个特殊的面接触型半导体硅二极管，其 $V—A$ 特性曲线与普通二极管相似，但反向击穿曲线比较陡。（　）

206.稳压二极管稳压时，它工作在正向导通状态。（　）

207.稳压二极管在起稳定作用的范围内，其两端的反向电压值，称为稳定电压。不同型号的稳压二极管，稳定电压是不同的。（　）

208.稳压二极管是一个可逆击穿二极管，稳压时工作在反向偏置状态，但其两端电压必须大于它的稳压值 U_Z，否则处于截止状态。（　）

209.稳压管与其他普通二极管不同，其反向击穿是可逆的，当去掉反向电压稳压管时又恢复正常。（　）

210.稳压二极管如果反向电流超过允许范围，二极管将发生热击穿，所以，与其配合的电阻往往起到限流的作用。（　）

211.整流电路由二极管组成，利用二极管的单向导电性把直流电变为交流电。（　）

212.用两只二极管就可实现单相全波整流，而单相桥式整流电路却用了四只二极管，这样做虽多用了两只二极管，但降低了二极管承受的反向电压。（ ）

213.同种工作条件，单相半波整流电路和单相全波整流电路，其二极管承受的反向电压大小一样。（ ）

214.在电容滤波整流电路中，滤波电容可以随意选择。（ ）

215.在电容滤波整流电路中，电容耐压值要大于负载开路时整流电路的输出电压。（ ）

216.在滤波电路中，只有电容滤波电路和电感滤波电路。（ ）

217.电容滤波器，电容越小，则滤波效果越好。（ ）

218.电容滤波电路的特点是：纹波成分大大减少，输出的直流电比较平滑，电路简单。（ ）

219.滤波电路一般由储能元件组成，主要利用储能特性把脉动直流电变为平滑的直流电。（ ）

220.晶体三极管按材料分为两种：锗管和硅管。（ ）

221.晶体三极管按结构分为 NPN、PNP 两种形式。（ ）

222.晶体三极管有 NPN 和 PNP 两种结构形式，但使用最多的是锗 NPN 和硅 PNP 两种三极管。（ ）

223.晶体三极管功率分为小功率管、中功率管、大功率管。（ ）

224.晶体三极管的三条引线分别称为发射极 e、基极 b 和集电极 c。（ ）

225.晶体三极管的管脚分别是发射极、门极、集电极。（ ）

226.在制造三极管时，有意识地使发射区的多数载流子浓度大于基区的，同时基区做得很薄。（ ）

227.晶体三极管是线性器件，可用作开关或者放大器件。（ ）

228.晶体管由两个 PN 结组成，所以可以用两个二极管反向连接起来充当晶体管使用。（ ）

229.晶体三极管的发射结和集电结是同类型的 PN 结，所以三极管在作放大管使用时发射极和集电极可相互调换使用。（ ）

230.通常的 BJT 在集电极和发射极互换使用时，仍有较大的电流放大作用。（ ）

231.三极管有三个工作区，分别是饱和区、放大区、截止区。（ ）

232.三极管是构成放大器的核心，模拟电路中，若要信号不失真，三极管应该工作在放大区。（ ）

233.模拟电路中，三极管用作开关器件。（ ）

234.晶体三极管是非线性器件。（ ）

235.晶体三极管，是半导体基本元器件之一，具有电流放大作用，是电子电路的核心元件。（ ）

236.在任何情况下，三极管都具有电流放大能力。（ ）

237.三极管是构成放大器的核心，三极管器件具有电压放大作用。（ ）

238.当三极管发射结、集电结都反向偏置时具有放大作用。（ ）

239.当三极管发射结、集电结都正向偏置时具有放大作用。（　）

240.放大电路中，硅三极管发射结工作电压是 0.3 V。（　）

241.放大电路中，硅三极管发射结工作电压是 0.7 V。（　）

242.放大电路中，锗三极管发射结工作电压是 0.3 V。（　）

243.放大电路中，锗三极管发射结工作电压是 0.5 V。（　）

244.晶体管的电流放大倍数通常等于放大电路的电压放大倍数。（　）

245.晶体三极管集电极和基极上的电流一定能满足 $I_C=\beta I_B$ 的关系。（　）

246.放大电路中的输入信号和输出信号的波形总是反相关系。（　）

247.晶体二极管击穿后立即烧毁。（　）

248.热击穿和电击穿过程都是不可逆的。（　）

249.使用稳压管时，阳极接高电位，阴极接低电位。（　）

250.稳压二极管稳压时，它工作在正向导通状态。（　）

251.共射组态基本放大电路是输入信号加在基极和发射极之间。（　）

252.三极管放大电路中，静态是指无信号输入。（　）

253.放大电路的三种组态，都有功率放大作用。（　）

254.晶体管的放大作用主要体现在电流放大。（　）

255.当加在三极管发射结的电压小于 PN 结的导通电压，基极电流近似为零，集电极电流和发射极电流都近似为零，这时三极管失去了电流放大作用，集电极和发射极之间相当于开关的断开状态。（　）

256.放大电路主要利用三极管的控制作用放大微弱信号，输出信号在电压或电流的幅度上得到了放大，输出信号的能量得到了加强。（　）

257.基本放大电路，输出信号的能量实际上是由直流电源提供的，只是经过三极管的控制，使之转换成信号能量，提供给负载。（　）

258.放大电路工作点不稳定的原因，主要是元件参数的影响。（　）

259.温度升高，三极管的输入特性曲线向左移，U_{BE} 减小。（　）

260.当温度升高时，三极管的集电极电流 I_c 增大，电流放大系数 β 减小。（　）

261.当温度升高时，三极管的输出特性曲线向上移，电流放大系数 β 增大。（　）

262.静态工作点过高会产生截止失真。（　）

263.三极管在安全工作区的极限参数是集电极最大允许电流、集电极最大允许功率损耗、基极开路时集电极与发射极间反向击穿电压。（　）

264.交流放大器工作时，电路中同时存在直流分量和交流分量，直流分量表示信号的变化情况，交流分量表示静态工作点。（　）

265.三极管放大电路中 R_c 可有可无，不影响放大结果。（　）

266.共集电极放大电路也称射极输出器，共集电极放大电路的输入信号与输出信号同相。（　）

267.基极电流 I_b 的数值较大时，易引起静态工作点 Q 接近饱和区。（　）

268.分压偏置式共射极放大器中，基极采用分压偏置的目的是提高输入电阻。（　）

269.在共射极放大器中，电路其他参数不变，仅改变电源电压 V_{cc}，电压放大倍数不会改变。 ( )

270.三极管放大电路中，增大 R_b，其他参数不变，静态工作点 Q 接近饱和区。 ( )

271.三极管放大电路中，增大 R_c，其他参数不变，静态工作点 Q 接近饱和区。 ( )

272.三极管放大电路中，当 U_i 较小时，为减少功耗和噪声，静态工作点可设得低一些。 ( )

273.三极管放大电路中，为获得较大的动态范围，静态工作点可设在交流负载线中点。 ( )

274.三极管放大电路中，当实际功耗 P_c 大于最大允许集电极耗散功率 P_{CM} 时，不仅会使三极管的参数发生变化，甚至还会烧坏三极管。 ( )

275.反馈按信号极性可分为正反馈和负反馈。 ( )

276.负反馈使输出起到与输入相反的作用，使系统输出与系统目标的误差增大，使系统振荡。 ( )

277.若反馈信号与输入信号极性相同或变化方向同相，则两种信号混合的结果将使放大器的净输入信号大于输出信号，这种反馈称为正反馈。正反馈主要用于信号产生电路。 ( )

278.正反馈使输出起到与输入相似的作用，使系统偏差不断增大，使系统振荡，可以放大控制作用。 ( )

279.若反馈信号与输入信号极性相反或变化方向相反，则叠加的结果将使净输入信号减弱，这种反馈称为负反馈。 ( )

280.放大电路通常采用负反馈技术。 ( )

281.负反馈的取样一般采用电流取样或电压取样。 ( )

282.反馈按取样方式的不同，分为电阻反馈和电流反馈。 ( )

283.负反馈有其独特的优点，在实际放大器中得到了广泛的应用，它改变了放大器的性能。采用负反馈使得放大器的闭环增益趋于稳定。 ( )

284.正反馈使得放大器的闭环增益趋于稳定。 ( )

285.线性运算电路中一般引入负反馈。 ( )

286.使净输入量减小的反馈是负反馈，否则为正反馈。 ( )

287.集成运放处于开环状态，这时集成运放工作在非线性区。 ( )

288.运算电路中一般引入正反馈。 ( )

289.集成运放只能放大直流信号，不能放大交流信号。 ( )

290.集成运放在实际运用中一般要引入深度负反馈。 ( )

291.集成运算放大电路是一种阻容耦合的多级放大电路。 ( )

292.集成运放的“虚断”是指运放的同相输入端和反相输入端的电流趋于零，好像断路一样，但却不是真正的断路。 ( )

293.若放大电路的放大倍数为负值，则引入的反馈一定是负反馈。 ( )

294.电压负反馈稳定输出电压，电流负反馈稳定输出电流。 ( )

295.要在放大电路中引入反馈，就一定能使其性能得到改善。 ( )

296.反相比例运算电路中集成运放反相输入端为“虚地”。（　　）

297.集成运算放大电路产生零点漂移的主要原因是晶体管参数受温度的影响。（　　）

298.实际集成运算放大电路的开环电压增益非常大，可以近似认为 $A=\infty$。（　　）

299.实际集成运算放大电路的开环电压增益非常小，可以近似认为 $A=0$。（　　）

300.“虚短”和“虚断”是分析集成运放工作在线性区的两条重要依据。（　　）

301.反馈可以大大减少放大器在稳定状态下所产生的失真。（　　）

302.理想的差动放大电路，既能放大差模信号，也能放大共模信号。（　　）

303.由集成运放和外接电阻、电容构成比例、加减、积分和微分的运算电路工作在线性工作范围内。（　　）

304.直流稳压电源是一种将正弦信号转换为直流信号的波形变换电路。（　　）

305.直流稳压电源的功能就是将交流电压变成稳定的直流电压。（　　）

306.常用小功率直流稳压电源系统由电源变压器、整流、滤波电路组成。（　　）

307.直流稳压电源中整流电路的作用是将正弦交流电变为脉动直流电。（　　）

308.降压电路由降压变压器组成，它把高压交流电变为低压交流电。（　　）

309.滤波电路的功能是将整流后的脉动直流中的谐波分量滤掉，使波形变平滑。（　　）

310.目前，单相整流电路中广泛使用的是单相半波整流电路。（　　）

311.当输入电压 u_i 和负载电流 I_L 变化时，稳压电路的输出电压是绝对不变的。（　　）

312.桥式整流和单相半波整流电路相比，在变压器副边电压相同的条件下，桥式整流电路的输出电压平均值高了一倍。（　　）

313.单相半波整流的缺点是只利用了电源的半个周期，同时整流电压的脉动较大。为了克服这些缺点一般采用桥式整流电路。（　　）

314.单相半波整流电路中，二极管在交流电压的半个周期内导通，单相全波整流电路中每只极管在交流电压的整个周期内都导通。（　　）

315.电容滤波电路适用于小负载电流，而电感滤波电路适用于大负载电流。（　　）

316.在单相桥式整流电容滤波电路中，若有一只整流管断开，则输出电压平均值变为原来的一半。（　　）

317.稳压电源的分类方法繁多，按输出电源的类型分有直流稳压电源和交流稳压电源。（　　）

318.稳压电源按调整元件与负载连接方式分有串联稳压电源和并联稳压电源。（　　）

319.一般情况下，开关型稳压电路比线性稳压电路效率高。（　　）

320.线性电源分为简单稳压电路、并联稳压电路、串联稳压电路和集成化稳压电路。（　　）

321.带有放大环节的串联型直流稳压电源，由采样电路、基准电压、比较放大和调整元件4个环节组成，用以提高稳压性能。（　　）

322.集成稳压器又称集成稳压电路，可将不稳定的直流电压转换成稳定的直流电压，稳压电源用分立元件组成，具有输出功率大、适应性较广的优点。（　　）

323.三端固定式集成稳压器将取样电阻、补偿电容、保护电路、大功率调整管等都集成在同一芯片上，使整个集成电路块只有输入、输出和公共3个引出端，其输出电压不固定。（　　）

324.78XX 系列集成稳压器是常用的固定负输出电压的集成稳压器。（ ）

325.79XX 系列集成稳压器是常用的固定负输出电压的集成稳压器。（ ）

326.三端集成稳压器是指这种稳压用的集成电路只有 3 条引脚输出，分别是输入端、输出端和电源端。（ ）

327.使用三端集成稳压器，将元件有标识的一面朝向自己，若是 78XX 系列，则 3 条引脚分别为输入端、接地端和输出端。（ ）

328.78/79 系列三端集成稳压器，型号中的 78 或 79 后面的数字代表该三端集成稳压器的功率。（ ）

329.集成三端稳压器 CW7805 的输出电压为+5 V。（ ）

330.集成三端稳压器 CW7805 的输出电压为+78 V。（ ）

331.与模拟信号相比，数字信号的特点是信号不连续。（ ）

332.在时间和幅度上都断续变化的信号是数字信号，语音信号不是数字信号。（ ）

333.数字电路是以二值数字逻辑为基础的，其工作信号是离散的数字信号，电路中的电子晶体管工作于放大状态。（ ）

334.逻辑函数是数字电路的特点及描述工具，输入、输出量是高、低电平，可以用二元常量（0,1）来表示，输入量和输出量之间的关系是一种逻辑上的因果关系。（ ）

335.数字电路主要研究对象是电路的输出与输入之间的逻辑关系，数字电路和模拟电路采用的分析方法一样。（ ）

336.以二进制为基础的数字逻辑电路，可靠性较强。电源电压小的波动对其没有影响，温度和工艺偏差对其工作的可靠性影响也比模拟电路小得多。（ ）

337.由于数字电路中的器件主要工作在开关状态，因而采用的分析工具主要是逻辑代数，用功能表、真值表、逻辑表达式、波形图等来表达电路的主要功能。（ ）

338.数字电路的研究方法是逻辑分析和逻辑设计，所需要的工具是普通代数。（ ）

339.数字电路稳定性好，不像模拟电路那样易受噪声的干扰。（ ）

340.在数字电路中，稳态时三极管一般工作在截止或放大状态。（ ）

341.TTL 门电路输入端悬空时，应视为输入高电平。（ ）

342.二进制数的进位关系是逢二进一，所以逻辑电路中有 1+1=10。（ ）

343.在逻辑变量的取值中，只有“1”与“0”两种状态。（ ）

344.在逻辑变量的取值中，无法比较 1 与 0 的大小。（ ）

345.数字电路中输出只有两种状态：高电平 1 和低电平 0。（ ）

346.在逻辑代数中，因为 A+AB=A，所以 AB=0。（ ）

347.将 2018 个“1”与非得到的结果是 1。（ ）

348.在数字电路中，二输入“与”逻辑关系的逻辑函数表达式为 Y=A·B。（ ）

349.在数字电路中，二输入“或”逻辑关系的逻辑函数表达式为 Y=A-B。（ ）

350.与非门逻辑功能为：输入只要有低电平，输出就为高电平。（ ）

351.与门逻辑功能为：输入都是低电平，输出才为高电平。（ ）

352.在基本逻辑运算中，与、或、非 3 种运算是最基本的，其他逻辑运算是其中 2 种或 3 种的组合。（ ）

353.在逻辑代数中，$A+AB=A+B$ 成立。（　）

354.当输入 9 个信号时，需要 3 位的二进制代码输出。（　）

355.逻辑波形图是一种表示输入输出变量动态变化的图形，反映了函数值随时间变化的规律。（　）

356.函数 $Y=ABC+\overline{A}+\overline{B}+\overline{C}+D$ 的化简结果为 $Y=1$。（　）

357.根据反演律，可得出等式$(\overline{A+BC})=\overline{AB}+\overline{C}$。（　）

358.组合逻辑电路输入、输出之间有反馈延迟通道。（　）

359.组合逻辑电路最基本的逻辑门电路组合而成，特点是：输出值仅与当时的输入值有关，即输出唯一地由当时的输入值决定。（　）

360.组合逻辑电路的分析有以下几个步骤：①由给定的逻辑电路图，写出输出端的逻辑表达式；②列出真值表；③通过真值表概括出逻辑功能。（　）

361.组合逻辑电路中无记忆单元。（　）

362.组合逻辑电路没有记忆功能，输出状态随着输入状态的变化而变化，如加法器、译码器、编码器、寄存器等都属于此类。（　）

363.反相器、编码器、寄存器、数据选择器、计数器都是组合逻辑电路。（　）

364.从整体上看，数字电路按功能可以分为组合逻辑电路和时序逻辑电路两大类。（　）

365.触发器是一个具有记忆功能的，具有两个稳定状态的信息存储器件，是构成多种时序电路的最基本逻辑单元，也是数字逻辑电路中一种重要的单元电路。（　）

366.单稳态触发器有一个稳态和一个暂稳态。（　）

367.单稳态触发器有一个稳态和一个动态。（　）

368.基本 RS 触发器是最基本的触发器，它只具有置 0 置 1 的功能。（　）

369.当 $J=K=0$ 时，JK 触发器具有翻转计数功能。（　）

370.J 触发器的输入端 J 悬空，则相当于 $J=0$。（　）

371.D 触发器应用很广，可用作数字信号的寄存，移位寄存，分频和波形发生器等。（　）

372.T 触发器是在数字电路中，凡在 CP 时钟脉冲控制下，根据输入信号 T 取值的不同，具有保持和翻转功能的电路。（　）

373.T 触发器是在数字电路中，凡在 CP 时钟脉冲控制下，根据输入信号 T 取值的不同，具有保持和翻转功能的电路，即当 $T=0$ 时一定翻转，$T=1$ 时保持状态不变的电路。（　）

374.时序逻辑电路的输出不仅和该时刻输入变量的取值有关，而且还与电路原来的状态有关。（　）

375.时序逻辑电路在逻辑功能上的特点是任意时刻的输出不仅取决于当时的输入信号，而且还取决于电路原来的状态，电路有记忆功能。（　）

376.555 时基电路是一种将模拟电路和数字电路巧妙地结合在一起的电路。（　）

377.555 时基电路可以采用 4.5～15 V 的单独电源，也可以和其他的运算放大器及 TTL 电路共用电源。（　）

378.TTL 型 555 时基电路具有一定的输出功率，最大输出电流达 200 mA，可直接驱动继电器、小电动机、指示灯及喇叭等负载。

379.555时基电路可用作脉冲发生器、方波发生器、单稳态多谐振荡器、双稳态多谐振荡器、自由振荡器、内振荡器、定时电路、延时电路、脉冲调制电路、仪器仪表的各种控制电路及民用电子产品、电子琴、电子玩具等。（ ）

380.色环电阻识读时，从左向右或从右向左读，结果都是一样的。（ ）

381.某发光二极管，两引脚一个长，一个短，则长引脚对应发光管的阴极。（ ）

382.膜型电阻有碳膜电阻、金属膜电阻和金属氧化膜电阻。（ ）

383.电阻的标志方法有直接标志法、文字符号法和色环标志法。（ ）

384.电阻器在选用时，只应根据电路的用途选择不同的电阻器。（ ）

385.电容器的识读采用直接标志法、色环标志法和数标法。（ ）

386.碳膜电阻器性能好，所以广泛应用于对电阻器特性要求较高的电路中。（ ）

387.电感器的主要参数有电感量、品质因数和分布电容。（ ）

388.用万用表测电阻时，不必每次都进行欧姆调零。（ ）

389.使用万用表可以测量精密电阻。（ ）

390.万用表不用时，最好将挡位旋至交流电压最高挡，避免因使用不当而损坏。（ ）

391.用万用表测试晶体管时，选择欧姆挡“R×10 k”挡位。（ ）

392.用万用表“R×1 Ω”挡测试电解电容器时，黑表笔接电容器正极，红表笔接负极，表针慢慢增大。若停在“10 kΩ”，说明电容器是好的。（ ）

393.不可用万用表欧姆挡直接测量微安表、检流计或标准电池的内阻。（ ）

394.使用万用表时，在通电测量状态下可任意转换量程选择开关。（ ）

395.万用表测直流电流时，应该串联接在被测电路中，电流应从“-”端流入。（ ）

396.测电阻时，选择万用表量程的原则是：在测量时，使万用表的指针尽可能在中心刻度线附近，因为这时的误差最小。（ ）

397.在使用探头时避免电击，应使手指保持在探头主体上防护装置的后面。（ ）

398.将探头连接到电压电源时不可接触探头顶部的金属部分。（ ）

399.示波器测量的信号是对“地”的参考电压，接地端应正确接地，不可造成短路。（ ）

400.探头有不同的衰减系数，选择不同的衰减系数将不会影响信号的垂直刻度。（ ）

401.首次将探头与任一通道连接时，需进行调节。未经补偿或补偿偏差的探头会导致测量误差或错误。（ ）

402.为了避免电冲击对示波器造成损伤，输出及输入端进行电气连接前要保证示波器良好接地。（ ）

403.信号发生器采用大规模集成电路，调试、维修时应有防静电装置，以免造成仪器受损。（ ）

404.请在相对稳定的环境中使用电子设备，并提供良好的通风散热条件。校准测试时，测试仪器或其他设备的外壳应良好接地，以免意外损害。（ ）

405.信号发生器的负载不能存在高压、强辐射、强脉冲信号，以防止功率回输造成仪器的永久损坏。（ ）

406.信号发生器不用时应放在干燥通风处，以免受潮。（　）

407.焊接时间越长，焊接效果越好。（　）

408.焊接时，用锡量越多，焊接效果越好。（　）

409.在一定要使用跳线的情况下，跳线越短越好。（　）

410.单面 PB 板两面都可放置元件。（　）

411.在电路安装时，铜芯导线和铝芯导线可以直接相连。（　）

412.相同元件安装时要求高度统一，手工插焊遵循先低后高、先小后大的原则。（　）

413.焊接集成电路时应戴好防静电手环，以免损坏器件。（　）

414.所有元器件引脚均不得从根部弯曲，一般应留 1.5 mm 以上。（　）

415.电子元器件插装要求焊接元件时方便焊接并有利于元器件焊接时散热。（　）

416.电烙铁通电前先检查是否漏电，确保完好再通电预热。电烙铁达到规定的温度再进行焊接。（　）

417.焊接应掌握好焊接时间，一般元件在 2~3 s 的时间内焊完，较大的焊点在 3~4 s 的时间内焊完。当一次焊接不完时，要等一段时间元件冷却后再进行二次焊接。（　）

418.集成电路、集成电路插座装插件时注意引脚顺序，不能插反且安装应到位，元件与线路板平行。（　）

419 在单股导线的连接中，一根线头在另一根导线上要紧密缠绕 6~8 圈。（　）

420.在绝缘层恢复操作时，要求绝缘带在导线连接处两端的绝缘上缠绕约 2 倍于绝缘带的宽度。（　）

421.钢丝钳使用时不能当作敲打工具，要保护好钳柄绝缘管，以免因破损造成触电事故。（　）

422.电工刀只能剥截面积在 6 mm 以下的绝缘电导线。（　）

423.螺钉旋具可以当凿子使用。（　）

424.活动扳手在使用时，要根据螺栓规格选用相应的活动扳手。（　）

425.验电笔使用前要在有电的电源导体上检查氖管能否正常发光。（　）

426.交流电流表和电压表所指示的都是有效值。（　）

427.测直流电流时，电流表应该串联接入被测电路中，电流应从“-”端流入。（　）

428.钳形电流表必须断开导线才能测量电流。（　）

429.钳形电流表使用时应先用较大量程，然后再视被测电流的大小变换量程，直接转动量程开关。（　）

430.绝缘电阻表测量时，摇动手柄转速刚达到 120 r/min 即可。（　）

431.电气设备的绝缘性能，必须用兆欧表检测，其绝缘电阻必须小于 0.5 MΩ。（　）

432.用绝缘电阻表测量绝缘电阻时，摇动手柄应由慢渐快，最后稳定在 120 r/min。（　）

433.绝缘电阻表使用完毕后，应放在干燥、避光、无震动的场所。（　）

434.用绝缘电阻表测量对含有大电容的设备，测量前应先进行放电；测量后也应及时放电，放电时间不得小于 2 min，以保证人身安全。（　）

435.当被测设备表面潮湿时，需用兆欧表的“G”接线端钮。（　）

436.若单相电度表有4个引出线柱,那么进火线应接在电度表的第1接线柱上。（ ）

437.直流惠斯顿电桥是一种比较式测量仪器,主要用于精确测试0.1 Ω以下低阻值直流电阻的仪表。（ ）

438.分支接点常出现在导线分路的连接点处,要求分支接点连接牢固、绝缘层恢复可靠,否则容易发生断路等电气事故。（ ）

439.在绝缘层恢复缠绕时,绝缘带与导线应保持45°的倾斜角度用力拉紧,并且使绝缘带半幅相叠压进行缠绕。（ ）

440.低压配电设计所选用的电器,其额定电流不应小于所在回路的计算电流。（ ）

441.带电作业应由经过培训、考试合格的持证电工单独进行。（ ）

442.导线受外物拉断或被老鼠咬断是一种"短路"现象。（ ）

443.正确选用和使用低压电器元件对电器安全运行是极其重要的。（ ）

444.闸刀开关只用于手动控制容量较小、启动不频繁的电动机的直接启动。（ ）

445.刀开关可以频繁接通和断开电路。（ ）

446.刀开关安装时,手柄要向上装。接线时,电源线接在上端,下端接用电器。（ ）

447.开关电器在所有电路都可直接接负载。（ ）

448.行程开关可以作电源开关使用。（ ）

449.主令电器在自动控制系统中接入主回路。（ ）

450.低压配电应装设短路保护、过负荷保护和接地故障保护。（ ）

451.低压断路器是开关电器,不具备过载、短路、失压保护。（ ）

452.熔断器的额定电压应小于线路的工作电压。（ ）

453.熔断器的额定电流大于等于熔体的额定电流。（ ）

454.熔断器的额定电流和熔体额定电流是同一概念。（ ）

455.熔断器在电路中既可作短路保护,又可作过载保护。（ ）

456.电压线圈并联在电源两端,匝数多,阻抗小;电流线圈串联在电路中,导线细,电流大。（ ）

457.电流继电器线圈导线细、阻抗大。（ ）

458.电压继电器线圈导线粗、阻抗小。（ ）

459.电压继电器的线圈一般要串联在电路中。（ ）

460.为了保证电磁铁可靠吸合,电磁吸力特性与反力特性必须配合好。（ ）

461.低压电器在实际应用中可通过改变反力弹簧的松紧实现反力特性和吸力特性的配合。（ ）

462.交流接触器吸引线圈的额定电压与接触器的额定电压总是一致的。（ ）

463.接触器按主触点通过电流的种类分为直流和交流两种。（ ）

464.交流接触器通电后,如果铁芯吸合受阻,则会导致线圈烧毁。（ ）

465.接触器的额定电流指的是线圈的电流。（ ）

466.接触器的额定电压指的是线圈的电压。（ ）

467.交流接触器的衔铁无短路环。（ ）

468.直流接触器的衔铁有短路环。（ ）

469.在点动电路、可逆旋转电路等电路中,主电路一定要接热继器。（　）

470.热继电器在电路中既可作短路保护,又可作过载保护。（　）

471.热继电器和过电流继电器在起过载保护作用时可相互替代。（　）

472.继电器在任何电路中均可代替接触器使用。（　）

473.一台线圈额定电压为220 V的交流接触器,在交流220 V和直流220 V的电源上均可使用。（　）

474.时间继电器之所以能够延时,是因为线圈可以通电晚一些。（　）

475.空气阻尼式时间继电器精度相当高。（　）

476.中间继电器实质上是电压继电器的一种,只是触点多少不同。（　）

477.中间继电器在控制电路中,起中间转换作用,永远不能代替交流接触器。（　）

478.电流继电器的线圈一般要并联在电路中。（　）

479.速度继电器速度很高时触点才动作。（　）

480.继电器的触头一般都为桥型触头,有常开和常闭两种形式,没有灭弧装置。（　）

481.电磁式继电器反映外界输入信号的是电信号。（　）

482.在电力拖动系统中应用最广泛的保护元件是双金属片式热继电器。（　）

483.变压器的高、低压绕组可分为同心式绕组和交叠式绕组两种。（　）

484.变压器能将直流电压升高或降低。（　）

485.变压器铁芯叠装用硅钢片而不用整块铁芯片的目的是制造方便。（　）

486.降压变压器的一次侧匝数比二次侧匝数多,且一次侧电流比二次侧电流大。（　）

487.电动机的接地电阻应大于4 Ω。（　）

488.电动机在使用前,应作绝缘性能的检查,其值不得小于0.5 MΩ。（　）

489.三相异步电动机的旋转方向与规定的方向不一致时,应立即停机,将三根电源线中的任意两根线对调。（　）

490.三相异步电动机的6个引出线端子分别用U_1、V_1、W_1,U_2、V_2、W_2表示。（　）

491.电动机铭牌上标出的额定功率是指电动机在额定运行时轴上输出的机械功率。（　）

492.电动机检修装配完毕后,只要转动灵活、均匀,无停滞现象,即可通电运行。（　）

493.若轴承配合较紧,为了避免损坏轴承,可采用热套法安装。（　）

494.三相异步电动机定子极数越多,则转速越高,反之则越低。（　）

495.三相异步电动机按转子的结构形式分为单相和三相两种。（　）

496.异步电动机采用变极调速可使电动机实行无级调速。（　）

497.电动机的额定转速越高越好。（　）

498.变压器的同名端与电动机的首尾端说法不同,但其本质一样。（　）

499.三相异步电动机在拆卸时,机座与前后端盖要分别做好标记,便于装配时恢复原状。（　）

500.单相异步电动机的主绕组通入单相交流电后,产生的是非旋转的脉动磁场。（　）

501.为了使单相电动机自行启动,必须在定子上分相增加启动绕组,定子产生旋转磁场,让转子上有感应电流产生,形成转子启动转矩。（　）

502.三相异步电动机应根据工作环境和需要选用。( )

503.三相鼠笼式异步电动机的启动方式只有全压启动一种。( )

504.三相异步电动机启动瞬间电流较大的原因是此时瞬间转差率大。( )

505.三相异步电动机启动方式有两种:直接启动和降压启动。( )

506.不同的低压电器在线路中所承担的任务相同。( )

507.全压控制,主回路电压一定是380 V。( )

508.置换元件法修理电气故障就是把电器元件全部换掉。( )

509.按下启动按钮,电动机就运转,松开按钮电动机就停止的线路称自锁控制线路。( )

510.如果在不同的场所对电动机进行远距离操纵,在控制电路中并联几个启动按钮和串联几个停止按钮即可。( )

511.三相笼型异步电动机串电阻降压启动的优点是启动电流小,而启动转矩大。( )

512.三相绕线转子异步电动机的转子特点是转子绕组可以外接电阻,以改善电动机的启动性。( )

513.容量小于10 kW的笼型异步电机,一般采用全电压直接启动。( )

514.容量大于30 kW的笼型异步电机,一般采用减压的方式启动。( )

515.检修电路时,电机不转而发出嗡嗡声,松开时,两相触点有火花,说明电机主电路一相断路。( )

516.三相笼型电动机都可以采用星-三角降压启动。( )

517.交流电动机的控制必须采用交流电源操作。( )

518.正在运行的三相异步电动机突然一相断路,电动机会停下来。( )

519.在控制电路中,额定电压相同的线圈允许串联使用。( )

520.在正反转电路中,仅用复合按钮能够保证实现可靠联锁。( )

521.电动机正反转控制电路为了保证启动和运行的安全性,要采取电气上的互锁控制。( )

522.在反接制动控制线路中,必须以时间为变化参量进行控制。( )

523.能耗制动的优点是制动准确、平稳、能量消耗小。( )

524.能耗制动的特点是制动力强、制动平稳、无大的冲击。( )

525.电动机采用制动措施的目的是停车平稳。( )

526.电动机采用制动措施的目的是迅速停车。( )

527.在用绝缘导线布线时,保护零线应用黄绿双色线,工作零线一般用黑色线。沿墙垂直布线时,保护零线设在最下端;水平布线时,保护零线设在靠墙端。( )

528.同一接线端子允许最多接两根相同类型及规格的导线。( )

529.电气接线图直接体现了电子电路与电气结构以及其相互间的逻辑关系。( )

530.安装接线图表示线路配线安装和电器设备安装的位置。( )

531.安装接线图包括电气设备的布置与接线,应与控制原理图对照阅读,进行系统的配线和调校。( )

532.电气原理图绘制中,不反映电器元件的大小。( )

533.电气原理图设计中,应尽量减少电源的种类。（　）

534.电气原理图设计中,应尽量减少通电电器的数量。（　）

535.电气接线图中,同一电器元件的各部分不必画在一起。（　）

536.电气原理图中所有电器的触点都按没有通电或没有外力作用时的开闭状态画出。（　）

537.在原理图中,各电器元件必须画出实际的外形图。（　）

538.电器元件布置图中,强电部分和弱电部分要分开,且弱电部分要加屏蔽,防止干扰。（　）

539.电阻率大于 $1.0\times10^7\ \Omega$ 的材料称为绝缘材料。（　）

540.电阻率较大且熔点较高的金属材料用来作电热材料。（　）

541.电阻率较小的金属材料用来作导线材料。（　）

542.铜芯绝缘导线分为铜芯绝缘硬导线和铜芯绝缘软导线。（　）

543.重复接地的作用是降低漏电设备的对地电压,减轻零干线断线引起的危险。（　）

544.临时用电设备的外壳必须接 PE 线。（　）

545.禁止在保护地线上安装熔断器。（　）

546.因为零线比火线安全,所以开关大都接在零线上。（　）

547.星形连接时三相电源的公共点称为三相电源的零电位点。（　）

548.星形连接时三相电源的公共点称为三相电源的中性点。（　）

549.所使用的家用电器如电冰箱、电冰柜、洗衣机等,应按产品使用要求,装有接地线的插座。（　）

550.在低压配电电缆中,输电线路一般采用三相四线制,其中三相四线制三条线路分别是A、B、C 三相,另一条是地线 N。（　）

551.在变电所三相母线应分别涂以黄、绿、红色,以示正相序。（　）

552.重复接地按要求一律接在保护零线上,禁止在工作零线上重复接地。（　）

553.若白炽灯内部的灯丝熔断后,将灯丝小心搭上继续使用,是符合安全规范的操作。（　）

554.在同一电系统中,绝对不允许同时存在保护接地与保护接零。（　）

555.采用低压电缆供电时应选用五芯低压电力电缆。（　）

556.熔点低、熔化时间长的金属材料锡和铅,适宜作高压熔断器熔体。（　）

557.铜的导电性能在金属中是最好的。（　）

558.选择熔断器时,熔断器的额定电压应大于等于线路的额定电压,熔断器的额定电流应大于等于熔体的额定电流。（　）

559.导线敷设应尽可能避开热源。（　）

560.导线的额定电压应大于线路的工作电压。（　）

561.导线绝缘层应符合线路的安全方式和敷设的环境条件。（　）

562.导线截面应满足供电容量要求和机械强度要求。（　）

563.电气工程安装完毕后,要检查验收电气系统的绝缘电阻,规范要求电气系统的绝缘电阻值不小于 0.5 MΩ。（　）

564.如遇见触电事故,应首先使触电者尽快脱离电源,再切断电源。( )

565.若触电者心跳和呼吸都停止,则应进行人工胸外按压抢救 30 次数和人工呼吸 2 次的交替抢救法。( )

566.安全用电,以防为主。( )

567.保护接地和保护接零可以混合使用。( )

568.可采用绝缘、防护、隔离等技术措施防止触电、保障安全。( )

569.人体的不同部位分别接触到同一电源的两根不同相位的相线,电流由一根相线经人体流到另一根相线的触电现象称两相触电。( )

570.人体的某一部位碰到相线或绝缘性能不好的电气设备外壳时,电流由相线经人体流入大地的触电现象称单相触电。( )

571.电气设备相线碰壳接地,或带电导线直接触地时,人体虽没有接触带电设备外壳或带电导线,但是跨步行走在电位分布曲线的范围内造成的触电现象称跨步电压触电。( )

572.我国工厂动力所用的电是 380 V 交流电,家庭照明所用的电是 220 V 交流电。( )

573.为了保证用电安全,在变压器的中性线上不允许安装熔断器和开关。( )

574.触电现场抢救中不能打强心针,也不能泼冷水。( )

575.在使用家用电器过程中,可以用湿手操作开关。( )

576.口对口人工呼吸法 10 s 一次较适宜。( )

577.触电的危险程度完全取决于通过人体电流的大小。( )

578.常见的触电形式有单相触电、两相触电和跨步电压触电。( )

579.触电对人体的伤害分为电击和电伤两种。( )

580.用电笔测试 220 V/380 V 三相四线制电源线路时,使氖泡发亮的被测导线是火线,不发亮的是零线。( )

581.禁止用湿手或湿抹布接触或擦拭带电的电气设备。( )

582.在电气作业时,禁止约定时间停送电。( )

583.直流电桥测量结束后,就锁上检流计锁扣。( )

584.停电检修设备没有做好安全措施前应认为有电。( )

585.在室内电气线路施工中,应考虑供电电压和三相电源负荷平衡。( )

586.线路的过载保护宜采用熔断器和断路器。( )

587.在没有插头的情况下,可以临时采用线头直接插入插座的方法解决设备线路没电的问题。( )

588.在危险性较大的场所,灯具高度小于 2.4 m 时,应使用小于 36 V 的安全电压。( )

589.铁芯是变压器的磁路部分;绕组是变压器的电路部分。( )

590.异步电动机转差率的变化范围为 0~1。( )

591.电容器和启动绕组串联,形成分相作用,使定子绕组产生旋转磁场。( )

592.在设计电动机的继电接触器控制系统时,一般不选用低压短路器。( )

593.热继电器和热脱扣器的热容量较大,动作不快,不宜用于短路保护。( )

594.位置开关又称限位开关或行程开关,作用与按钮开关不同。（　　）

595.当负载电流达到熔断器熔体的额定电流时,熔体将立即熔断,从而起到过载保护的作用。（　　）

596.低压断路器的瞬时动作电磁式过电流脱扣器和热脱扣器都是起短路保护作用的。（　　）

597.所谓主令电器,是指控制回路的开关电器,包括控制按钮、转换开关、行程开关以及凸轮主令控制器等。（　　）

598.熔断器更换熔体管时应停电操作,严禁带负荷更换熔体。（　　）

599.交流接触器不能在无防护措施的情况下在室外露天安装。（　　）

600.DZ 型自动开关中的电磁脱扣器起过载保护使用;热脱扣器起短路保护作用。（　　）

601.带有失压脱扣器的低压断路器,失压线圈断开后,断路器不能合闸。（　　）

602.国家标准未规定的图形符号,可采用其他来源的符号代替,但必须在图解和文件上说明含义。（　　）

603.在电气原理图中,同一个电气元件的各部分(如同一个接触器的触点、线圈等)必须画在一起,各电器元件的位置应与实际安装位置一致。（　　）

604.电器系统图一般有 3 种:电气原理图、电气接线图、电气布置图等。（　　）

605.电气接线图各电气元件上凡是需要接线的部件端子都应绘出并予以编号且编号必须与原理图上的导线编号相一致。（　　）

606.基本文字符号有单字母符号、双字母符号、三字母符号。（　　）

607.凡是接触器自锁的控制,都具有对电动机的失压和欠压保护作用。（　　）

608.选用导线时要依据工作电压,工作电流与使用场合并按电线技术规格。（　　）

609.不允许中大型异步电动机全压启动,其原因是会产生很大的启动电流而烧坏电动机自身的绕组。（　　）

610.所谓降压启动,是指电动机启动时降低加在电动机定子三相绕组上的电压。（　　）

611.采用星形-三角形启动的笼型异步电动机,启动转矩和启动电流减少的同时启动转矩明显增大。（　　）

612.三相异步电动机必须在其启动转矩大于电动机的额定转矩时,才能启动。（　　）

613.只要能够改变异步电动机同步转速,就能达到调速的目的。（　　）

614.对变极调速电动机,当电动机由两极变为四极时,定子的同步转速变为 1 500 r/min,而转子仍以原来的转速旋转,此时电动机变为发电机运行,但电动机电磁转矩变为制动转矩。（　　）

615.电容器是由两个彼此绝缘而又相互靠近的导体的组合总体。（　　）

616.电容器是一种能储电能元件,它能把电能变为磁能。（　　）

617.当三极管的集电极电流大于它的最大允许电流时,该管必击穿。（　　）

618.放大电路中的所有电容器,起的作用均为“隔直通交”。（　　）

619.共集电极放大电路的放大电路的输入信号与输出信号,相位差为 180°的反向关系。（　　）

二、选择题

1.通常电工术语“负载大小”是指(　　)。

A.等效电阻　B.实际电功率　C.实际电压　D.负载电流

2.下列元件中,不能直接接在电源两端的是(　　)。

A.用电器　B.电压表　C.电流表　D.电阻器

3.阻值不随外加电压或电流的大小而改变的电阻称为(　　)。

A.热敏电阻　B.可变电阻　C.线性电阻　D.非线性电阻

4.电阻 $R_1=200\ \Omega$, $R_2=200\ \Omega$,并联后的总电阻为(　　)。

A.150 Ω　B.200 Ω　C.400 Ω　D.100 Ω

5.电路中,电源内电阻端电压为零时的电路状态为(　　)。

A.通路　B.开路　C.短路　D.空载

6.下列关于电流方向的说法,正确的是(　　)。

A.人们习惯上以正电荷运动方向为电流的实际方向

B.人们习惯上以正电荷的运动方向为电流的正方向

C.在金属导体中,实际电流的方向就是电子的运动方向

D.电流的正方向必须与电流的实际方向一致

7.电源电动势在数值上与(　　)相等。

A.端电压　B.电源两端的开路电压

C.电压正负极间的电位数　D.以上三项皆有可能

8.电位是指(　　)。

A.电场力移动单位正电荷所做的功

B.电源力移动单位正电荷所做的功

C.电源力单位时间移动电荷所做的功

D.电场力把单位正电荷从某点移到参考点所做的功

9.用来衡量电场力对电荷做功能力的物理量是(　　)。

A.电压　B.电动势　C.电位　D.电流

10.电压的方向为(　　),即为(　　)的方向。

A.由高电位端指向低电位端,电位降低

B.由低电位端指向高电位端,电位升高

C.由高电位端指向低电位端,电位升高

D.由低电位端指向低电位端,电位降低

11.一只 100 W 的白炽灯,照明 20 h 后所消耗的电能为(　　)。

A.1 kW · h　B.0.5 kW · h　C.2 kW · h　D.3 kW · h

12.关于一段导体的电阻与导体长度 L 和导体横截面 S 的关系,下列表述正确的是(　　)。

A.与 L 成正比,与 S 成反比　B.与 L 和 S 成正比

C.与 L 成反比,与 S 成正比　D.与 L 和 S 成反比

13.导体的电阻率取决于(　　)。

A.导体两端所加的电压　B.导体中电流的大小

C.导体的材料　　D.导体的长度

14.电阻串联的特征之一是(　　)。

A.电流相同　　B.电压相同　　C.功率不变　　D.电阻值不变

15.多个电阻并联后，其总阻值(　　)。

A.比其中任一电阻值都要小　　B.比其中任一电阻值都要大

C.介于阻值最大与最小之间　　D.不能确定

16.几个阻值相等的电阻串联后，其等效电阻的阻值比原来单个电阻值(　　)。

A.减小　　B.增大　　C.不变　　D.可大可小

17.在电路中串联电阻可以起到(　　)作用。

A.分压　　B.分流　　C.分频　　D.减小电流

18.在电路中并联电阻可以起到(　　)作用。

A.分压　　B.分流　　C.分频　　D.减小电流

19.电阻 $R_1=300\ \Omega$，$R_2=200\ \Omega$，串联后的总电阻为(　　)。

A.150 Ω　　B.300 Ω　　C.500 Ω　　D.120 Ω

20.一段均匀的电阻丝，横截面的直径为 d，电阻为 R。若把它均匀拉成直径是 $d/10$ 的细电阻丝，取其同样长的一段，它的电阻应为(　　)。

A.R　　B.$10R$　　C.$1/10R$　　D.$100R$

21.电阻 R_1，R_2 并联后，其总电阻等于(　　)。

A.$(R_1+R_2)/R_1R_2$　　B.$R_1R_2/(R_1+R_2)$　　C.R_1+R_2　　D.R_1R_2

22.并联电路中的总电流强度等于(　　)。

A.各分电路电流强度之和　　B.每一分电路的电流强度

C.各分电路电流强度之差　　D.各分电路电流强度之积

23.下面 4 种规格的灯泡，其中阻值最小的是(　　)。

A.220 V，100 W　　B.220 V，60 W　　C.24 V，100 W　　D.24 V，60 W

24.将一根导体均匀拉长为原来的 3 倍，则电阻值为原来的(　　)倍。

A.9　　B.3　　C.1/3　　D.1/9

25.相同材料制成的两个均匀导体，长度之比为 2∶3，横截面面积之比为 4∶1，则其电阻之比为(　　)。

A.12∶2　　B.3∶8　　C.8∶3　　D.2∶12

26.参考点也称为零电位点，它是(　　)的。

A.由人为规定　　B.参考方向决定

C.由电位的实际方向决定　　D.由大地性质决定

27.电路中任意两点间的电位之差称为(　　)。

A.电阻　　B.电位　　C.电压　　D.参考点

28.电路中两点间的电压高，说明(　　)。

A.这两个点的电位都高　　B.这两个点的电位差大

C.这两个点的电位一定大于零　　D.这两个点的电位都低

29.直流电路中应用叠加定理时，每个电源单独作用时，(　　)。

A.电压源作短路处理　　　　　　B.电压源作开路处理

C.电流源作短路处理　　　　　　D.用等效电源代替

30.电路是由(　　)、用电器、导线和开关等中间环节组成的闭合回路。

A.电灯　　B.电动机　　C.电源　　D.负载

31.连接导线及开关的作用是将电源和负载连接成一个闭合回路,用来传输、分配和控制(　　)。

A.电流　　B.电源　　C.电位　　D.电能

32.电路中,端电压随负载电阻减小而减小的电路状态为(　　)。

A.通路　　B.开路　　C.短路　　D.满载

33.负载或电源两端被导线连接在一起称为(　　)。

A.通路　　B.开路　　C.短路　　D.断路

34.当负载开路时,下列式子成立的是(　　)。

A.$U=E, I=E/R$　　B.$U=0, I=0$　　C.$U=E, I=0$　　D.$U=0$

35.短路时,电源产生的电能全消耗在(　　)上。

A.电源内阻　　B.导线　　C.负载　　D.电源内阻和导线

36.电源短路是指(　　)。

A.电流为零　　B.负载电阻为零　　C.电动势为零　　D.电动势等于端电压

37.下列关于电源短路的说法正确的是(　　)。

A.电源短路就是用较短的导线连接的电路

B.电源短路是指没有用开关连接起来的电路

C.电源短路是指没有电源的电路

D.电源短路是指直接或间接用导线将电源的正负极相连的电路

38.电路某处中断,电路没有电流,称为(　　)。

A.断路　　B.短路　　C.串联　　D.并联

39.在一个"220 V,40 W"灯泡 L_1 和一个"220 V,60 W"灯泡 L_2 并联的电路中,流过 L_1 的电流比流过 L_2 的电流(　　)。

A.大　　B.小　　C.相等　　D.无关

40.当电路处于短路工作状态时,下列说法正确的是(　　)。

A.电路中有电流,负载吸收功率　　B.电路中无电流,负载电压等于零

C.电路中有电流,负载不吸收功率　　D.电路中无电流,负载电压不为零

41.由欧姆定律 $R=U/I$ 可知,以下说法正确的是(　　)。

A.导体的电阻与电压成正比,与电流成反比

B.加在导体两端的电压越大,电阻越大

C.加在导体两端的电压和流过的电流的比值为常数

D.通过电阻的电流越小,电阻越大

42.额定值为 1 W,100 Ω 的电阻,在使用时电流和电压不得超过(　　)。

A.1 A 和 100 V　　B.0.1 A 和 10 V　　C.0.01 A 和 1 V　　D.0.01 A 和 10 V

43."220 V,100 W"的灯泡,其额定电流和等效电阻分别为(　　)。

A.0.2 A 和 110 Ω　　B.0.45 A 和 484 Ω　　C.0.9 A 和 484 Ω　　D.0.45 A 和 242 Ω

44.有一额定值为“5 W,500 Ω”的电阻,其额定电流及使用时的最高电压分别为(　　)。

A.0.01 A,5 V　　B.0.1 A,50 V　　C.1 A,500 V　　D.1 A,50 V

45.电动势 $E=10$ V、内阻 $R_o=1$ Ω 电源发生短路时,其电流和功率分别为(　　)。

A.10 A,10 W　　B.10 A,100 W　　C.0 A,0 W　　D.10 A,0 W

46.电源开路电压为 12 V,短路电流是 30 A,则内阻及短路时电压产生的电功率分别为(　　)。

A.0.4 Ω,360 W　　B.0.4 Ω,12 W　　C.0.25 Ω,360 W　　D.30 Ω,12 W

47.某导体两端电压为 10 V,通过的电流为 1 A,当两端电压降为 5 V 时,导体的电阻应为(　　)。

A.10 Ω　　B.15 Ω　　C.50 Ω　　D.0 Ω

48.基尔霍夫第二定律的表达式是(　　)。

A.$U=IR$　　B.$\sum E=\sum I\cdot R$

C.$\sum I=\sum U/R$　　D.$R=E/I$

49.基尔霍夫第一定律:在电路中,如果几根导线连接在一个节点上,则流进节点的总电流(　　)流出节点的总电流。

A.大于　　B.小于　　C.等于　　D.无关

50.全电路欧姆定律是根据(　　)推导出来的。

A.欧姆定律　　B.基尔霍夫第一定律

C.基尔霍夫第二定律　　D.能量守恒定律

51.基尔霍夫第一定律的依据是(　　)。

A.欧姆定律　　B.全电流定律　　C.法拉第定律　　D.电荷守恒定律

52.设电路中各支路电流及其方向如图所示,那么 I_1 应为(　　)。

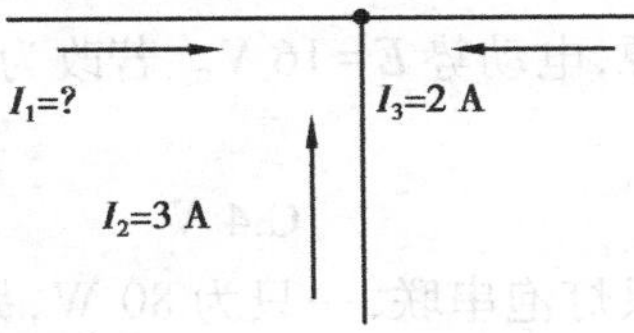

A.5 A　　B.−5 A　　C.1 A　　D.−1 A

53.某电阻两端的电压为10 V时,电流为2 A,当电流为4 A时,该电阻两端的电压为(　　)。

A.10 V　　B.5 V　　C.20 V　　D.40 V

54.设电路中各支路电流及其方向如图所示,那么 I_3 应为(　　)。

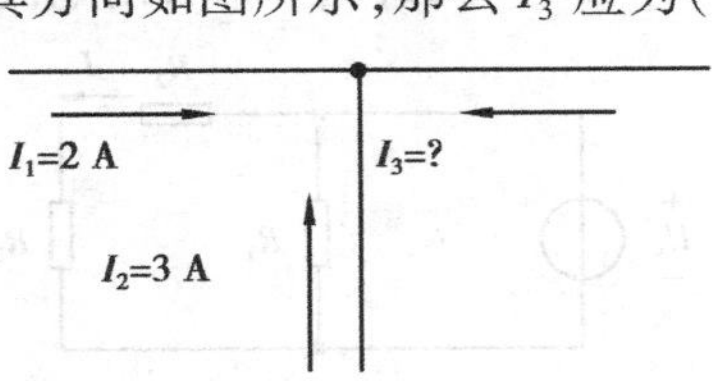

A.5 A　　B.−5 A　　C.1 A　　D.−1 A

55.设电路中各支路电流及其方向如图所示，那么 I_2 应为(　　)。

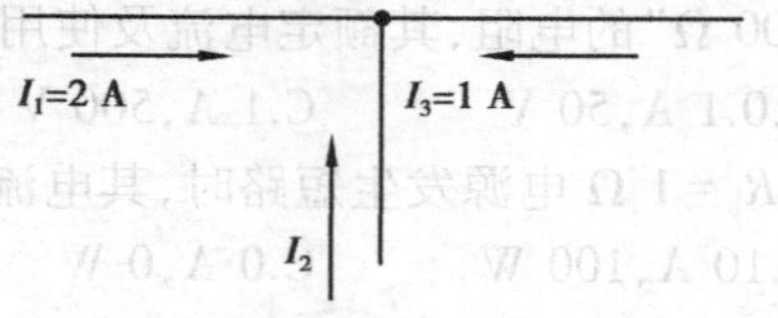

A.3 A　　B.−5 A　　C.1 A　　D.−3 A

56.某电阻两端的电压为 4 V 时，电流为 2 A。当电流为 4 A 时，该电阻两端的电压为(　　)。

A.4 V　　B.8 V　　C.2 V　　D.−4 V

57.基尔霍夫电压定律是指(　　)。

A.沿任一闭合回路各电动势之和大于各电阻压降之和

B.沿任一闭合回路各电动势之和小于各电阻压降之和

C.沿任一闭合回路各电动势之和等于各电阻压降之和

D.沿任一闭合回路各电阻压降之和为零

58.R_1 和 R_2 为两个串联电阻，已知 $R_1=4R_2$。若 R_1 上消耗的功率为 1 W，则 R_2 上消耗的功率为(　　)。

A.5 W　　B.20 W　　C.0.25 W　　D.400 W

59.R_1 和 R_2 为两个并联电阻，已知 $R_1=2R_2$。若 R_2 上消耗的功率为 1 W，则 R_1 上消耗的功率为(　　)。

A.2 W　　B.1 W　　C.4 W　　D.0.5 W

60.含源二端口网络，测得其开路电压为 100 V，短路电流为 20 A。当外接 5 Ω 负载电阻时，负载电流为(　　)。

A.5 A　　B.10 A　　C.15 A　　D.20 A

61.某电压源的开路电压为 6 V，短路电流为 2 A。当外接 3 Ω 负载时，其端电压为(　　)。

A.3 V　　B.4 V　　C.2 V　　D.6 V

62.与 2 Ω 负载电阻连接的电源，电动势 $E=16$ V。若改为与 4 Ω 负载电阻相连，则电动势为(　　)。

A.32 V　　B.16 V　　C.4 V　　D.8 V

63.用额定电压为 220 V 的两只灯泡串联，一只为 80 W，另一只为 30 W，串联后加 380 V 电压，则(　　)。

A.80 W 灯泡烧坏　　B.80 W、30 V 灯泡都烧坏

C.两只灯泡都不烧坏　　D.30 W 灯泡烧坏

64.电路如图所示，已知 $R_1=R_2=R_3=2$ Ω，$U_s=4$ V，则电流 I 等于(　　)。

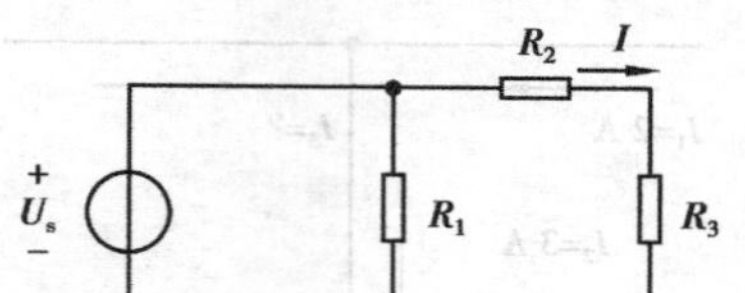

A.2 A　　B.1 A　　C.−1 A　　D.−2 A

65.4 个电阻器 R_1、R_2、R_3、R_4 依次串联，其两端的电压分别为 U_1、U_2、U_3、U_4。已知 $R_2=R_4$，且 $U_1+U_2=4$ V，$U_2+U_3=6$ V，则这 4 个电阻两端的总电压为(　　)。

A.18 V　　B.12 V　　C.10 V　　D.9 V

66.如图所示，已知可变电阻器滑动触点 C 在 AB 的中点，则电路中电阻 R 两端的电压是(　　)。

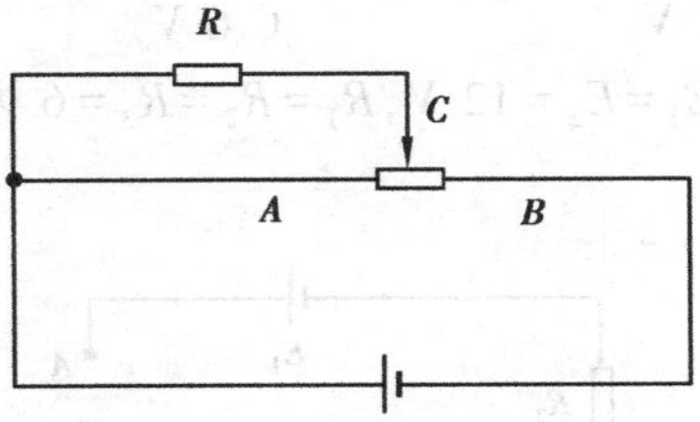

A.$1/2U_{AB}$　　B.大于 $1/2U_{AB}$　　C.小于 $1/2U_{AB}$　　D.U_{AB}

67.如图所示，3 只白炽灯 A、B、C 完全相同。当开关 S 闭合时，白炽灯 A、B 的亮度变化是(　　)。

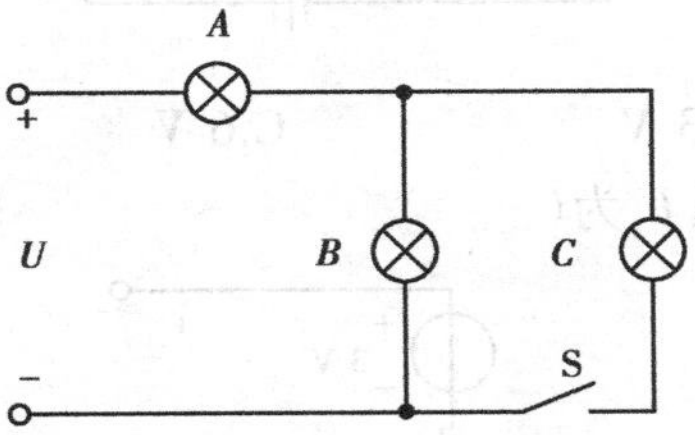

A.A 变亮，B 变暗　　B.A 变暗，B 变亮　　C.AB 都变亮　　D.AB 都变暗

68.如图所示，R_1(　　)R_2。

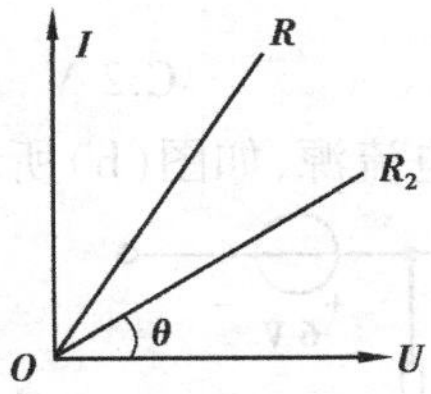

A.>　　B.=　　C.<　　D.不确定

69.如图所示，开关闭合后 AB 间的电压为(　　)。

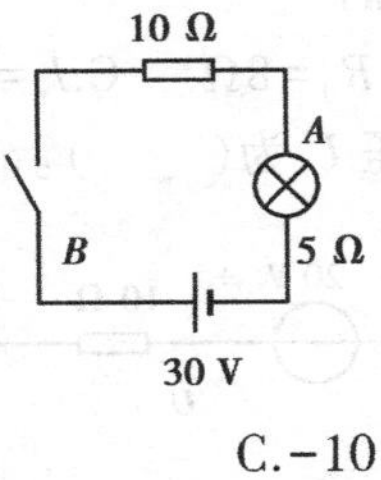

A.20 V　　B.10 V　　C.−10 V　　D.−20 V

70.电路如图所示，A 点的电位为(　　)V。

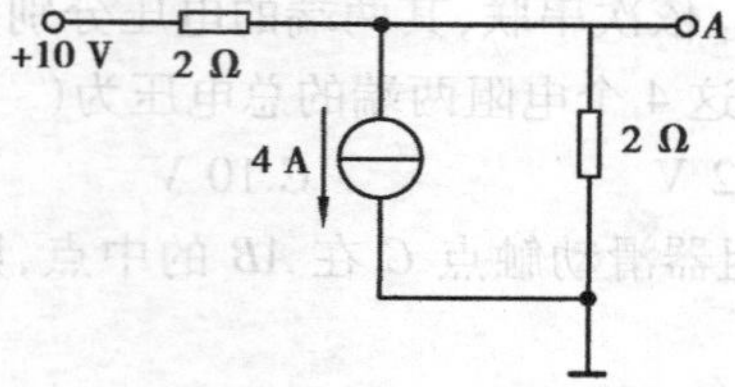

A.−3 V　　B.1 V　　C.6 V　　D.−1 V

71.如图所示,电源电动势 $E_1=E_2=12$ V,$R_1=R_2=R_3=6$ 内电阻不计,则 A、B 两点间的电压为(　　)。

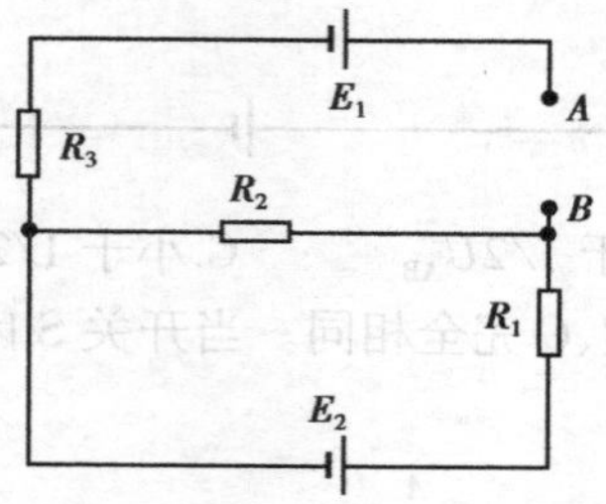

A.3 V　　B.−3 V　　C.6 V　　D.−6 V

72.下图所示电路中,端电压 U 为(　　)。

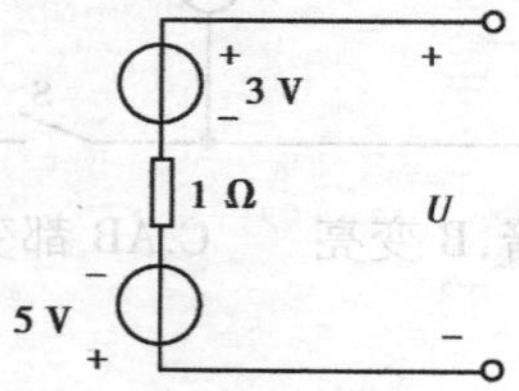

A.8 V　　B.−2 V　　C.2 V　　D.−4 V

73.将如图(a)所示的电路等效为电流源,如图(b)所示,则其参数为(　　)。

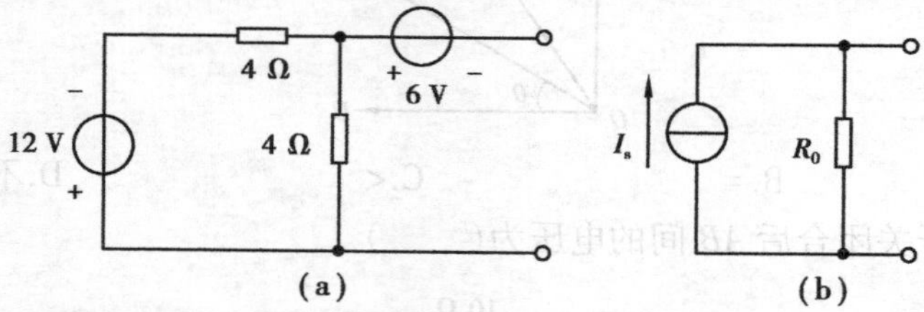

A.$I_s=6$ A,$R_0=2\Omega$　B.$I_s=9$ A,$R_0=8\Omega$　C.$I_s=-9$ A,$R_0=4\Omega$　D.$I_s=-6$ A,$R_0=2\Omega$

74.如下图所示电路中,两端的电压 U 为(　　)。

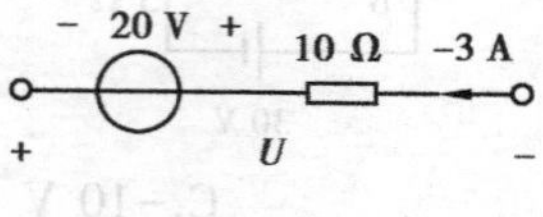

A.−50 V　　B.−10 V　　C.10 V　　D.50 V

75.如下图所示,电路中 P 点电位为(　　)。

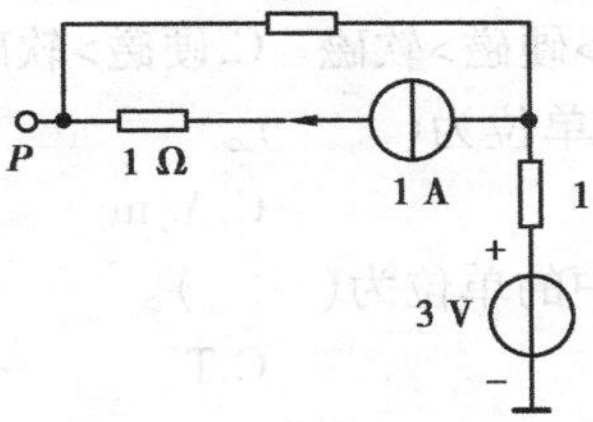

A.5 V　　B.4 V　　C.3 V　　D.2 V

76.在下图所示电路中,电源电压 U=6 V。若使电阻 R 上的电压 U_1=4 V,则电阻 R 为(　　)。

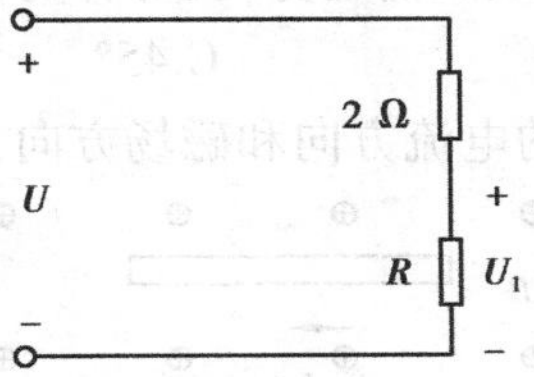

A.2 Ω　　B.4 Ω　　C.6 Ω　　D.8 Ω

77.在下图所示电路中,a,b 两点间电压 U_{ab}=(　　)。

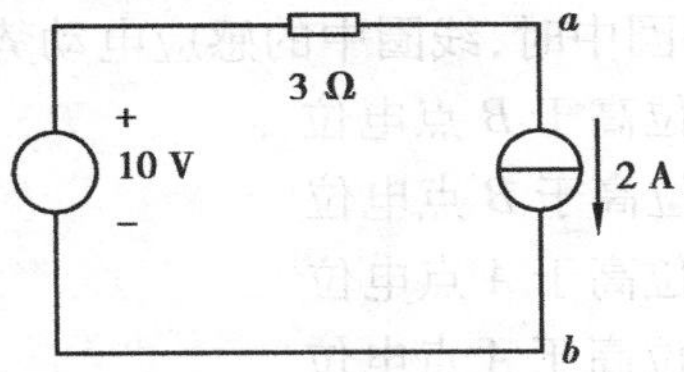

A.−14 V　　B.−6 V　　C.+6 V　　D.+14 V

78.磁势的单位是(　　)。

A.伏特　　B.安匝　　C.欧姆　　D.韦伯

79.正常工作时,若增加铁磁材料的励磁电流,则其磁导率通常(　　)。

A.减小　　B.不变　　C.增大较多　　D.增大不多

80.永久磁铁是利用铁磁材料的(　　)特性制造的。

A.高导磁　　B.磁饱和　　C.磁滞　　D.剩磁

81.下列选项中可以使铁磁材料的剩磁消失的是(　　)。

A.高温,振动　　B.高温,压力　　C.低温,振动　　D.低温,压力

82.(　　)材料的磁滞回线形状近似为矩形。

A.软磁　　B.硬磁　　C.矩磁　　D.非铁磁

83.带铁芯的线圈在交流电路中,铁芯对线圈的性能影响为:使线圈(　　)增大。

A.电路的电阻　　B.电路的感抗　　C.电路的功率　　D.磁路的磁阻

84.磁感应强度即为(　　)。

A.磁通　　B.磁场强度　　C.磁通密度　　D.磁导率

85.铁磁材料的磁导率 μ 与真空的磁导率 μ_0 的关系为(　　)。

A.$\mu \ll \mu_0$　　B.$\mu = \mu_0$　　C.$\mu \gg \mu_0$　　D.$\mu < \mu_0$

86.经过相同的磁化后又将磁场去除时，软磁、硬磁、矩磁材料三者的剩磁大小关系为(　　)。

A.软磁>矩磁>硬磁　B.矩磁>硬磁>软磁　C.硬磁>软磁>矩磁　D.软磁=硬磁=矩磁

87.在国际单位制 SI 中，磁通的单位为(　　)。

A.Wb　　B.MX　　C.A/m　　D.H/m

88.磁通密度在国际单位制 SI 中的单位为(　　)。

A.Wb　　B.GS　　C.T　　D.H/m

89.条形磁铁中，磁性最强的部位在(　　)。

A.中间　　B.两极　　C.整体　　D.2/3 处

90.运动导体切割磁力线而产生最大电动势时，导体与磁力线间的夹角应为(　　)。

A.0°　　B.30°　　C.45°　　D.90°

91.如图所示，已知通电导体中的电流方向和磁场方向，则导体受力方向为(　　)。

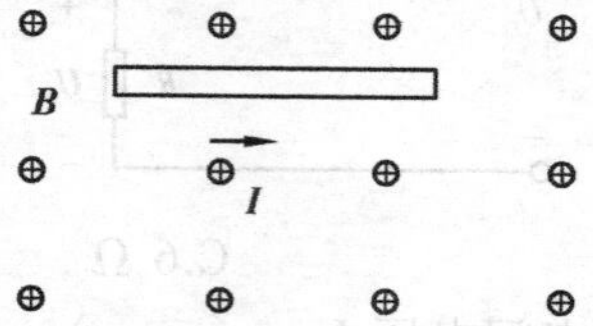

A.垂直向上　　B.垂直向下　　C.水平向左　　D.水平向右

92.如图所示，当磁铁插入线圈中时，线圈中的感应电动势(　　)。

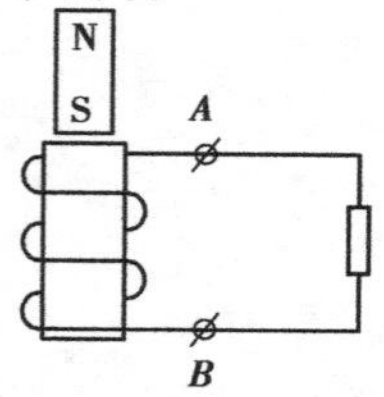

A.由 A 指向 B，且 A 点电位高于 B 点电位

B.由 B 指向 A，且 A 点电位高于 B 点电位

C.由 A 指向 B，且 B 点电位高于 A 点电位

D.由 B 指向 A，且 B 点电位高于 A 点电位

93.法拉第电磁感应定律可以这样描述，闭合电路中感应电动势的大小与(　　)。

A.穿过这一闭合电路的磁通量的变化率成正比

B.穿过这一闭合电路的磁通量的变化成正比

C.穿过这一闭合电路的磁感应强度成正比

D.穿过这一闭合电路的磁通量成正比

94.下列关于磁感线的说法正确的是(　　)。

A.磁感线是客观存在的有方向的曲线

B.磁感线总是始于 N 极而终于 S 极

C.磁感线上的箭头表示磁场方向

D.磁感线上某处小磁针静止时，N 极所指方向应与该处曲线的切线方向一致

95.如图所示，导线环和条形磁铁在同一平面内，当导线环中通以图示方向电流时，环将(磁铁轴线和线圈中心处于同一直线上)(　　)。

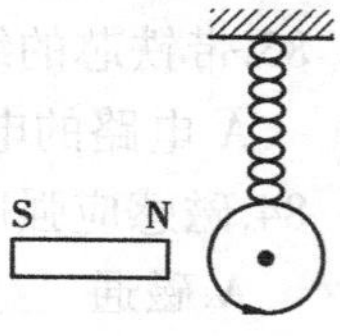

A.不发生转动，只远离磁铁

B.发生转动，同时靠近磁铁

C.静止不动

D.发生转动，同时远离磁铁

96.下列关系电磁感应现象的说法,正确的是(　　)。

A.导体相对磁场运动,导体内一定会产生感应电流

B.导体作切割磁力线运动,导体内一定会产生感应电流

C.闭合电路在磁场内作切割磁力线运动,导体内一定会产生感应电流

D.穿过闭合电路的磁通量发生变化,电路中就一定有感应电流

97.下列关于磁场和磁力线的描述,正确的是(　　)。

A.磁极之间存在着相互作用力,同名磁极互相吸引,异名磁极互相排斥

B.磁力线可以形象地表示磁场的强弱与方向

C.磁力线总是从磁极的北极出发,终止于南极

D.磁力线的疏密反映磁场的强弱,磁力线越密表示磁场越弱,磁力线越疏表示磁场越强

98.如图所示,在电磁铁的左侧放置了一条形磁铁,当合上开关 K 以后,电磁铁与条形磁铁之间(　　)。

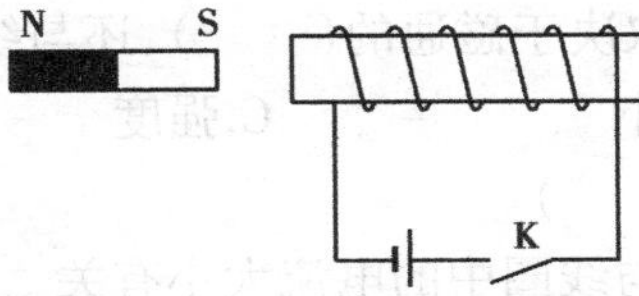

A.互相排斥　　B.互相吸引　　C.静止不动　　D.无法判断

99.下列说法正确的是(　　)。

A.发生电磁感应现象一定有感应电流产生

B.发生电磁感应现象一定有感应电动势产生

C.发生电磁感应现象不一定有感应电动势产生

D.发生电磁感应现象时磁通可能不变

100.如图所示,磁极中间通电直导体 A 的受力方向为(　　)。

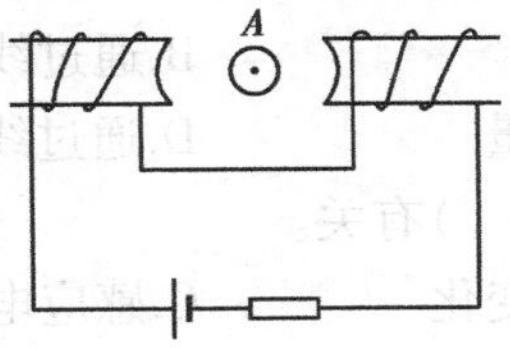

A.垂直向上　　B.垂直向下　　C.水平向左　　D.水平向右

101.如图所示,闭合线圈上方有一竖直放置的条形磁铁,磁铁的 N 极朝下。当磁铁向下运动时(但未插入线圈内部)(　　)。

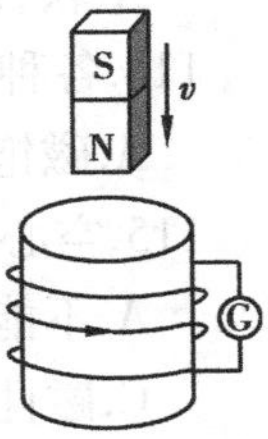

A.线圈中感应电流的方向与图中箭头方向相同,磁铁与线圈相互吸引

B.线圈中感应电流的方向与图中箭头方向相同,磁铁与线圈相互排斥

C.线圈中感应电流的方向与图中箭头方向相反,磁铁与线圈相互吸引

D.线圈中感应电流的方向与图中箭头方向相反,磁铁与线圈相互排斥

102.右手螺旋定则可判断(　　)方向。

A.电流产生的磁场　　B.电压

C.载流导体在磁场中的受力　　D.都不对

103.线圈磁场方向的判断方法是(　　)。

A.直导线右手定则　　B.螺旋管右手定则
C.左手定则　　D.右手发电机定则

104.判定通电导体在磁场中所受电磁力的方向用(　　)。
A.楞次定律　B.左手定则　C.右手定则　D.安培定则

105.下列属于电磁感应现象的是(　　)。
A.通电直导体产生磁场　　B.通电直导体在磁场中运动
C.变压器铁芯被磁化　　D.线圈在磁场中转动发电

106.通电直导体在磁场中的受力方向可用(　　)判断。
A.右手定则　B.安培定则　C.左手定则　D.楞次定律

107.线圈中产生的自感电动势总是(　　)。
A.与线圈内的原电流方向相反　　B.与线圈内的原电流方向相同
C.阻碍线圈内原电流的变化　　D.以上3种说法都不正确

108.互感电动势的方向不仅取决于磁通的(　　),还与线圈的绕向有关。
A.方向　B.大小　C.强度　D.零增减

109.下列说法中,正确的是(　　)。
A.两个互感线圈的同名端与线圈中的电流大小有关
B.两个互感线图的同名端与线圈中的电流方向有关
C.两个互感线圈的同名端与两个线圈中的绕向有关
D.两个互感线圈的同名端与两个线圈中的绕向无关

110.线圈自感电动势的大小与(　　)无关。
A.线圈的自感系数　　B.通过线圈的电流变化率
C.通过线圈的电流大小　　D.线圈的匝数

111.在自感应现象中,自感电动势的大小与(　　)成正比。
A.通过线圈的原电流　　B.通过线圈的原电流的变化
C.通过线圈的原电流的变化量　　D.通过线圈的原电压的变化

112.互感系数与两个线圈的(　　)有关。
A.电流变化　B.电压变化　C.感应电动势　D.相对位置

113.由于(　　)磁材料的(　　)损耗较小,交流电机、电器常用其作铁芯制作材料。
A.软,磁滞　B.软,涡流　C.硬,磁滞　D.硬,涡流

114.各种交流电机、电器通常在线圈中放有铁芯,这是基于铁磁材料的(　　)特性。
A.磁饱和　B.良导电　C.高导磁　D.磁滞

115.空心线圈被插入铁芯后(　　)。
A.不能确定磁性变化情况　　B.磁性将减弱
C.磁性基本不变　　D.磁性将大大增强

116.两个容量不同的电容串联,其电容值(　　)。
A.大于任何一个电容值　　B.小于任何一个电容值
C.等于两电容值之和　　D.等于两电容值之积

117.表征正弦交流电的三大要素是(　　)。

A.瞬时值、极大值、有效值　　B.电压、电流、频率
C.相位、相初位、相位差　　D.角频率、幅值、初相位

118.下列各项中,不属于交流电的三要素之一的是(　　)。
A.幅值　　B.功率因素　　C.频率　　D.初相位

119.对称三相电路中,三相瞬时电动势的代数和为(　　)(e 为一相的电动势)。
A.0　　B.$3e$　　C.$2e$　　D.e

120.感抗的大小与频率成(　　),容抗的大小与频率成(　　)。
A.正比,反比　　B.正比,正比　　C.反比,反比　　D.反比,正比

121.电容器两极间的(　　)可以突变。
A.电压　　B.电流　　C.电荷　　D.电功率

122.串联电感的总电感值等于各个电感的(　　)。
A.倒数和　　B.和的倒数　　C.和　　D.倒数和的倒数

123.并联电感的总电感值为各个电感的(　　)。
A.倒数和　　B.和的倒数　　C.和　　D.倒数和的倒数

124.下列关于电感的说法中错误的是(　　)。
A.电感两端的电压不能跃变
B.电感中的电流不能跃变
C.电感中的磁链不能跃变
D.当电感的电压 U_L 与电流 I_L 的正方向取得一致时,有 $U_L = L\mathrm{d}i/\mathrm{d}t$

125.下面的负载电路中,(　　)的功率因数最低。
A.电阻与电容串联电路　　B.纯电感电路
C.纯电阻电路　　D.电阻与电感串联电路

126.已知 $U=311\ \sin(314t+50°)$,可求得(　　)。
A.$U=311$ V,$f=50$ Hz　　B.$U=220$ V,$f=314$ Hz
C.$U=220$ V,$f=50$ Hz　　D.$U=311$ V,$f=314$ Hz

127.对于 R 纯电阻交流电路,两端电压 U_R 与电流 I 的参考方向一致,则下列说法错误的是(　)。
A.$U_R = I_r$　　B.$U_R = I_R$　　C.$P=I^2R$　　D.$Q=I^2R$

128.对于纯电感交流电路,电感两端的电压不变,电源频率由 60 Hz 下降到 50 Hz,则通过电感的电流将(　)。
A.减小　　B.不变　　C.为零　　D.增加

129.一正弦交流电,其频率为 50 Hz,则该正弦交流电的角频率 $\omega=$(　　)rad/s。
A.50　　B.314　　C.628　　D.100

130.一正弦交变电动势 $e_1=220\sqrt{2}\sin(314t+30°)$,则该正弦交变电动势的初相位是(　　)。
A.$314t+30°$　　B.$314t$　　C.30°　　D.220

131.下列不属于交流电三要素之一的是(　　)。
A.幅值　　B.功率因数　　C.频率　　D.初相位

132.正弦交流电 $i=10\sqrt{2}\sin(314t-60°)$,该正弦交变电流的有效值是(　　)A。

A.$10\sqrt{2}$　　B.10　　C.$\sqrt{2}$　　D.$314t$

133.交流电路产生谐振时，电路呈(　　)性质。

A.阻容　　B.电感　　C.纯电容　　D.纯电阻

134.正弦交流电的最大值 A_{max} 与有效值 A 之间的关系为(　　)。

A.$A_{max}=\sqrt{3}A$　　B.$A_{max}=\sqrt{2}A$　　C.$A_{max}=A$　　D.$A_{max}=2A$

135.正弦交流电的三要素为(　　)。

A.最大值、角频率、初相角　　B.最大值、周期、频率

C.瞬时值、角频率、初相角　　D.瞬时值、角频率、最大值

136.一个交流电流 i 和一个直流 I 分别通过同一电阻 R，在相同的时间内，如果它们在电阻上产生的热效应相当，则该直流电流 I 的值为对应交流电 i 的(　　)。

A.有效值　　B.最大值　　C.平均值　　D.瞬时值

137.通常所说的额定电压 220 V 是指(　　)。

A.交流电的最大值　　B.交流电的平均值

C.交流电的有效值　　D.交流电的瞬时值

138.交流电路中，电路两端的电压与电流有效值的乘积称为(　　)。

A.有功功率　　B.无功功率　　C.视在功率　　D.平均功率

139.三相四线制电路中，中性线电流为 3 个相电流的(　　)。

A.算术和　　B.代数和　　C.矢量和　　D.平均值

140.在纯电感电路中，电流为(　　)。

A.$i=U/XL$　　B.$i=U/\omega t$　　C.$I=U/L$　　D.$I=U/\omega L$

141.在纯电容交流电路中，一个周期内的平均功率为(　　)。

A.$P=U_CI\sin\omega t$ W　　B.$P=U_CI\sin 2\omega t$ W　　C.$P=U_C{}^2/X_C$ W　　D.$P=0$ W

142.已知 RL 串联交流电路，R，L 两端的电压为 $U_R=30$，$U_L=40$ V，则该电路的电源电压为(　　)。

A.70 V　　B.50 V　　C.10 V　　D.60 V

143.已知 RL 串联交流电路，R，L 两端的电压为 $U=100$ V，R 两端电压为 $U_R=60$ V，则电感两端的电压 U_L 为(　)。

A.160 V　　B.40 V　　C.20 V　　D.80 V

144.RL 串联的交流电路中，若已知电阻的压降为 U_R，电感的压降为 U_L，则总电压 U 为(　　)。

A.U_R+U_L　　B.U_R-U_L　　C.$\sqrt{U_R+U_L}$　　D.$\sqrt{U_R^2+U_L^2}$

145.电感和电阻串联的交流电路中，电压 U 和电流 I 的相位关系是(　　)。

A.相同　　B.U 超前 I　　C.U 滞后 I　　D.无法判定

146.交流电路中功率因数的高低取决于(　　)。

A.线路电压　　B.线路电流　　C.负载参数　　D.负载类型和参数

147.纯电感的交流电路中，电流 I 与电压 U 的相位关系为(　　)。

A.U 超前 I 90°　　B.U 超前 I 180°　　C.U 落后 I 90°　　D.U 落后 I 180°

148.在纯电感电路中，没有能量消耗，只有能量(　　)。

A.变化　　B.增强　　C.交换　　D.补充

149.在纯电容电路中，没有能量消耗，只有能量(　　)。

A.变化　　B.增强　　C.交换　　D.补充

150.用万用表电阻挡检测大电容器质量好坏时，若指针偏转后回不到起始位置，而停在刻度盘的某处，则说明(　　)。

A.电容器内部短路　　B.电容器内部开路

C.电容器存在漏电现象　　D.电容器的电容量太小

151.已知某正弦电压的频率 $f=50$ Hz，初相角为 30°，有效值为 100 V，则其瞬时表达式可表示为(　　)。

A.$u=100\sin(50t+30°)$ V　　B.$u=141.4\sin(50\pi t+30°)$ V

C.$u=200\sin(100\pi t+30°)$ V　　D.$u=141.4\sin(100\pi t+30°)$ V

152.已知 $u_1=20\sin(314t+\pi/6)$ V，$u_2=40\sin(314t-\pi/3)$ V，则(　　)。

A.u_1 超前 $u_2$30°　　B.u_1 滞后 $u_2$30°

C.u_1 超前 $u_2$90°　　D.不能判断相位差

153.已知 $u=100\sqrt{2}\sin(314t-\pi/6)$ V，则它的角频率、有效值、初相分别为(　　)。

A.314π rad/s，$100\sqrt{2}$ V，$-\pi/6$　　B.100π rad/s，100 V、$-\pi/6$

C.50 Hz，100 V，$-\pi/6$　　D.314π rad/s，100 V，$\pi/6$

154.已知工频电压有效值和初始值均为 380 V，则该电压的瞬时值表达式为(　　)。

A.$u=380\sin 314t$ V　　B.$u=537\sin(314t+45°)$ V

C.$u=380\sin(314t+90°)$ V　　D.无法确定

155.已知 $i_1=10\sin(314t+90°)$ A，$i_2=10\sin(628t+30°)$ A，则(　　)。

A.i_1 超前 i_2 60°　　B.i_1 滞后 i_2 60°

C.相位差无法判断　　D.无法确定

156.已知一交流电流，当 $t=0$ 时 $i_0=1$ A，初相位为 30°，则这个交流电流的有效值为(　　)A。

A.0.5　　B.$\sqrt{2}$　　C.1　　D.2

157.在仅有电感和电容串联的正弦交流电路中，消耗的有功功率为(　　)。

A.U_i　　B.i^2x　　C.0　　D.都不对

158.在交流纯电感电路中，电路的(　　)。

A.有功功率等于零　　B.无功功率等于零

C.视在功率等于零　　D.都不对

159.一个交流 RC 串联电路，已知 $U_R=6$ V，$U_C=8$ V，则总电压等于(　　)V。

A.14　　B.12　　C.10　　D.以上都不对

160.平行板电容器在极板面积和介质一定时，如果缩小两极板之间的距离，则电容量将(　　)。

A.增大　　B.减小　　C.不变　　D.不能确定

161.平行板电容器在极板面积和介质一定时，如果增大两极板之间的距离，则电容量将

(　　)。

A.增大　　B.减小　　C.不变　　D.不能确定

162.下列关于电容器的说法中,正确的是(　)。

A.电容器两极板上所带的电荷量相等,种类相同

B.电容器两极板上所带的电荷量相等,种类相反

C.电容器既是储能元件又是耗能元件

D.电容器的电容量是无限大的

163.在交流电路中,欲提高感性负载的功率因数,可采取的方法是(　　)。

A.并联电容器　　B.提高线路电流

C.串联电容器　　D.提高线路电压

164.提高日光灯供电电路功率因数的方法是并联适当的电容器。电容器应并联在(　　)。

A.镇流器两端　　B.灯管两端

C.镇流器与灯管串联后的两端　　D.3 种均可

165.在日光灯电路中,并联一个适当的电容后,提高了线路的功率因数,这时日光灯消耗的有功功率将(　　)。

A.减少　　B.稍增加　　C.保持不变　　D.增加至电容击穿

166.在 RLC 串联电路中发生谐振时,具有(　　)。

A.总阻抗值最小　　B.总阻抗值最大

C.电流最小　　D.电路呈电感性

167.交流电发生谐振时,电路呈(　　)性质。

A.阻容　　B.电感　　C.电容　　D.纯电阻

168.具有电阻、电感和电容的正弦交流电路发生串联谐振的条件为(　　)。

A.$R=XC$　　B.$XC=XL$　　C.$XC>XL$　　D.$R=XL$

169.提高电力系统功率因数的方法是(　　)。

A.与容性负载串联电感　　B.与感性负载串联电容

C.与电阻负载并联电容　　D.与感性负载并联电容

170.在一般情况下,供电系统的功率因数总是小于 1,原因是(　　)。

A.用电设备大多属于感性负载　　B.用电设备大多属于容性负载

C.用电设备大多属于电阻性负载　　D.用电设备大多属于纯感性负载

171.感性负载并联电容提高功率因数的方法,使(　　)。

A.有功功率提高　　B.负载功率提高

C.视在功率提高　　D.电网功率提高

172.下列说法,不正确的是(　)。

A.并联谐振时,总电流最大　　B.并联谐振时,总电流最小

C.理想并联谐振时,总电流为零　　D.都不对

173.下列关于 RLC 串联谐振的说法不正确的是(　　)。

A.阻抗最小,电流最大

B.总电压和总电流同相

C.品质因数越高,通频带就越窄

D.电感上、电容上和电阻上电压都相同,都等于总电压的 Q 倍

174.RLC 串联回路谐振时,回路品质因数 Q 越高,选择性(　　)。

A.越大　　B.越小　　C.越好　　D.越坏

175.电感线圈与电容器并联的电路中,当 R、L 不变,增大电容 C 时,谐振频率 f_0 将(　　)。

A.增大　　B.减小　　C.不变　　D.无法确定

176.在 RLC 串联电路中,当端电压与电流同相时,下列关系式正确的是(　　)。

A.$\omega L^2C=l$　　B.$\omega^2LC=l$　　C.$\omega LC=1$　　D.$\omega=LC$

177.下列说法正确的是(　　)。

A.串联谐振时阻抗最小　　B.并联谐振时阻抗最小

C.电路谐振时阻抗最小　　D.以上说法都不正确

178.常见的动态元件有(　　)。

A.电阻和电容　　B.电容和电感

C.电阻和电感　　D.二极管和三极管

179.通常电路中的耗能元件是指(　　)。

A.电阻元件　　B.电感元件

C.电容元件　　D.电源元件

180.发生串联谐振的电路条件是(　　)。

A.ω_0L/R　　B.$f_0=1/\sqrt{LC}$　　C.$\omega_0=1/\sqrt{LC}$　　D.都不对

181.下列说法中,正确的是(　　)。

A.并联谐振时阻抗最大　　B.串联谐振时阻抗最小

C.电路谐振时阻抗最大　　D.无法确定

182.正弦交流电路如图所示,$R=X_L=2X_C$,表 A_1 读数为 2 A,表 A_2 读数为(　　)。

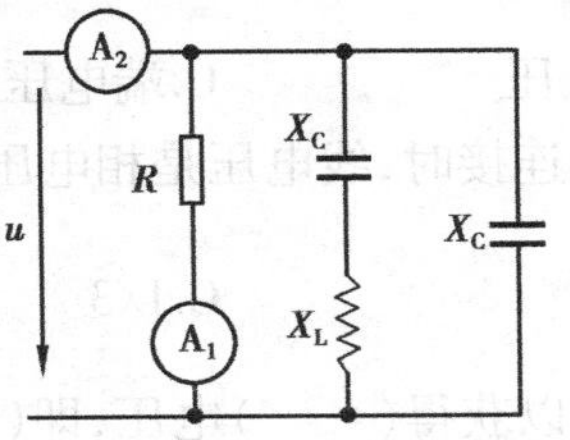

A.$\sqrt{2}$ A　　B.2 A　　C.$3\sqrt{2}$ A　　D.3 A

183.如图所示电路中,若 $X_L=X_C$,则该电路属于(　　)电路。

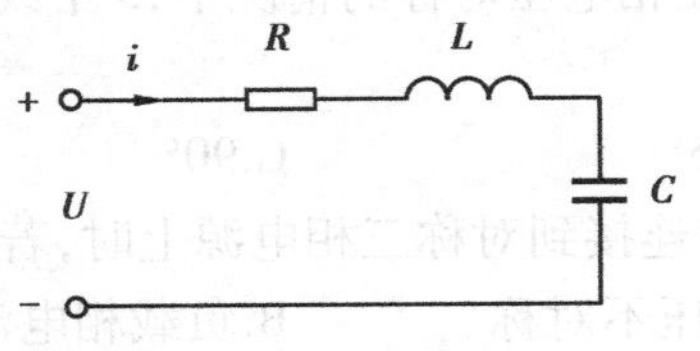

A.电阻性　　B.容性　　C.感性　　D.无法判定

184.对称三相电源的电动势为 E,则任一瞬间三相对称电动势的代数和为(　　)。

A.0　　B.E　　C.$2E$　　D.$3E$

185.三相对称电源的条件是(　　)。

A.三相电压、电流、功率都相等　　B.三相电压相等,频率相同,相位差120°

C.三相电压、频率、相位都相同　　D.三相电压相等,电流相等,相位差为120°

186.当三相对称电源作星形连接时,线电压是相电压的(　　)倍。

A.$\sqrt{3}$　　B.$\frac{\sqrt{3}}{3}$　　C.1/3　　D.1

187.三相交流电路中,对称负载三角形接法负载上的$U_{线}$和$U_{相}$,$I_{线}$和$I_{相}$的关系为(　　)。

A.$U_{线}=U_{相}$,$I_{线}=I_{相}$　　B.$U_{线}=\sqrt{3}U_{相}$,$I_{线}=I_{相}$

C.$U_{线}=U_{相}$,$I_{线}=\sqrt{3}I_{相}$　　D.$U_{线}=\sqrt{3}U_{相}$,$I_{线}=\sqrt{3}I_{相}$

188.在三相四线制中,若三相负载对称,则中性线电流(　　)

A.大于各相电流　　B.小于各相电流

C.等于各相电流　　D.为零

189.三相电路中,下列结论正确的是(　　)。

A.负载作星形连接时,必须有中性线

B.负载作三角形连接时,线电流必为相电流的$\sqrt{3}$倍

C.负载作星形连接时,线电压必为相电压的$\sqrt{3}$倍

D.负载作星形连接时,线电流等于相电流

190.若三相动力供电线路的电压是380 V,则任意两根相线之间的电压(　　)。

A.为相电压,有效值为380 V　　B.为线电压,有效值为220 V

C.为线电压,有效值为380 V　　D.为相电压,有效值为220 V

191.三相对称电源作星形连接时,若接成三相四线制,则可得到两种电压,其中火线与火线之间的电压称为(　　)。

A.相电压　　B.线电压　　C.端电压　　D.火线电压

192.当三相对称电源作三角形连接时,线电压是相电压的(　　)倍。

A.$\sqrt{3}$　　B.$\frac{\sqrt{3}}{3}$　　C.1/3　　D.1

193.三相交流电源星形接法可以获得(　　)电压,即(　　)。

A.两种,相电压　　B.一种,线电压

C.两种,线电压　　D.两种,线电压和相电压

194.电源星形(Y)连接时,在相电压对称的情况下,3个线电压是相应对称的,且线电压比它相应的相电压超前(　　)。

A.30°　　B.45°　　C.90°　　D.180°

195.不对称三相负载以星形连接到对称三相电源上时,若无中性线,将导致(　　)。

A.负载相电压对称,线电压不对称　　B.负载相电流对称,线电流不对称

C.负载相电压不对称　　D.以上均对

196.三相不对称电阻负载星形连接时,中性线断开,结果是(　　)。

A.电阻越小,相电压越小　　B.电阻越小,相电压越大

C.各相电压不定　　D.各相电压保持不变

197.三相四线制电路中,中性线的作用是(　　)。

A.保证负载电压相等　　B.保证负载线电压相等

C.保证负载线电流相等　　D.保证负载可以接成三角形

198.在三相四线制供电线路上,中性线(　　)。

A.应装熔断器　　B.不允许安装熔断器

C.应按额定电流值装熔断器　　D.不确定

199.对称三相电路,负载作星形连接,负载的电压为 380 V,则线电压为(　　)。

A.220 V　　B.380 V　　C.660 V　　D.440 V

200.三相负载对称的条件是每相负载的(　　)。

A.电阻相等　　B.电阻和电抗相等

C.电阻、容抗相等,且性质相同　　D.电阻、电抗相等,且性质相同

201.在我国三相四线制中,任意一根相线与零线之间的电压(　　)。

A.为相电压,有效值为 380 V　　B.为线电压,有效值为 220 V

C.为线电压,有效值为 380 V　　D.为相电压,有效值为 220 V

202.三相对称负载是指三相负载的(　　)。

A.阻抗值相等

B.阻抗角相同

C.阻抗值相等且阻抗角相同

D.阻抗值相等且阻抗角的绝对值也相等

203.三相交流电采用星形接法,其线电流 I_L 与相电流 I_P 之间的关系为(　　)。

A.$I_L=I_P$　　B.$I_L=\sqrt{3}I_P$　　C.$I_L=\frac{\sqrt{3}}{3}I_P$　　D.$I_L=\sqrt{2}I_P$

204.三相电路中,对称负载是星形接法,其总的无功功率 Q=(　　)。

A.$\sqrt{3}U_PI_P\sin\varphi$　　B.$\sqrt{3}U_LI_L\sin\varphi$　　C.$3U_LI_L\sin\varphi$　　D.$\frac{\sqrt{3}}{3}U_LI_L\sin\varphi$

205.三相电路中,对称负载是三角形接法,其中的有功功率为(　　)。

A.$P=\sqrt{3}U_PI_P\cos\varphi$　　B.$P=\frac{\sqrt{3}}{3}U_LI_L\cos\varphi$

C.$P=1/\sqrt{3}U_LI_L\sin\varphi$　　D.$P=\sqrt{3}U_LI_L\cos\varphi$

206.三相对称负载为三角形连接时,其线电流是相电流的(　　)。

A.$1/\sqrt{3}$倍　　B.$\sqrt{2}$倍　　C.$\sqrt{3}$倍　　D.1 倍

207.三相对称电源的条件是(　　)。

A.三相电压、电流、功率都相等

B.三相电压相等、频率相同、相位差 120°

C.三相电压、频率、相位都相同

D.三相电压相等、电流相等、相位差为 120°

208.三相交流电路中，星形接法对称负载的中性线电流等于(　　)。

A.$I_A+I_B+I_C=0$　　B.$I_A+I_B+I_C\neq 0$

C.$I_A+I_B+I_C=3I_A$　　D.$I_A+I_B+I_C=\frac{1}{3}I_A$

209.三相电源电压不变，将三相对称负载由三角形连接改为 Y 形连接时，两种不同接法的有功功率关系为(　　)。

A.$P_\triangle=P_Y$　　B.$P_\triangle=\frac{\sqrt{3}}{3}P_Y$　　C.$P_\triangle=\sqrt{3}P_Y$　　D.$P_\triangle=3P_Y$

210.如果三相负载的电抗值大小都为 20 Ω，则该三相负载为(　　)。

A.对称负载　　B.不对称负载

C.平衡负载　　D.不一定对称

211.对称三相负载三角形连接时，相电压 U_P 与线电压 U_L，相电流 I_P 与线电流 I_L 的关是(　　)。

A.$I_P=I_L;U_L=\sqrt{3}U_P$　　B.$I_L=\sqrt{3}I_P;U_L=U_P$

C.$I_P=I_L;U_L=U_P$　　D.$I_P=\sqrt{3}I_L;U_L=\sqrt{3}U_P$

212.采用三相四线制，当一相断开时加在其余两相负载的电压(　　)。

A.为原来的 4/3 倍　　B.为原来的 2/3 倍

C.为原来的 3/2 倍　　D.不变

213.三相四线制所输送的两种电压之间的关系是(　　)。

A.线电压等于相电压　　B.线电压是相电压的$\sqrt{3}$倍

C.相电压是相电压的$\sqrt{3}$倍　　D.相电压是相电压的$\frac{\sqrt{3}}{3}$倍

214.当负载作星形连接时，下列说法正确的是(　　)。

A.负载的相电压等于电源的相电压　　B.负载的相电压等于电源的线电压

C.负载的线电压等于电源的相电压　　D.负载的线电压等于电源的相电压的$\sqrt{3}$倍

215.当负载作三角形连接时，下列说法正确的是(　　)。

A.负载的线电流是负载电流$\sqrt{3}$倍　　B.负载的相电压是负载线电压$\sqrt{3}$倍

C.负载的线电压是负载相电压$\sqrt{3}$倍　　D.负载的线电压是负载相电压$\frac{\sqrt{3}}{3}$倍

216.如果三相四线制线路中的线电压是 380 V，电动机每相额定电压是 220 V，则电动机的接法是(　　)。

A.星形连接　　B.三角形连接

C.星形-三角形连接　　D.三角形-星形连接

217.交流电的最大值 U_m 与有效值 V 的关系是(　　)。

A.$U_m=2V$　　B.$U_m=\sqrt{2}V$　　C.$U_m=\sqrt{2}/2V$　　D.$U_m=\sqrt{3}V$

218.一对称三角形负载，其线电压为 380 V，线电流为 2 A，功率因素为 0.5，则三相总功率为(　　)。

A.658 W　　B.658 kW　　C.1 140 W　　D.1 316 W

219.如图所示，U、V、W是三相交流发电机中3个线圈的始端，N是3个线圈的末端，E、F、G是3个相同的负载，照明电路中的3个电灯也相同，如果表A_1的读数是I_1，表A_2的读数是I_2，那么表A_3的读数是(　　)。

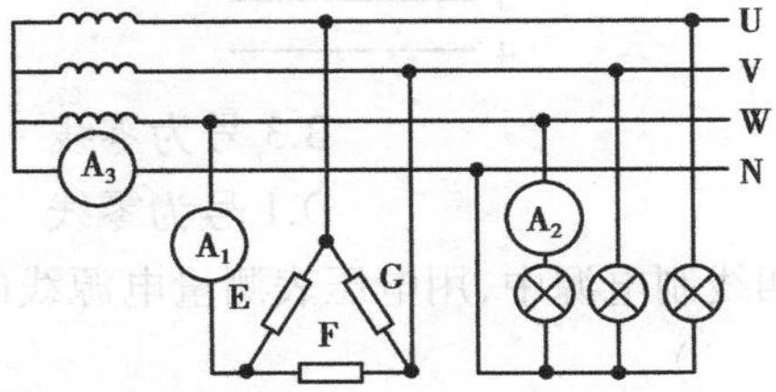

A.0　　B.I_1　　C.I_2　　D.I_1+I_2

220.三相负载究竟采用哪种方式连接，应根据(　　)而定。

A.电源的连接方式和供电电压　　B.负载的额定电压和电源供电电压

C.负载电压和电源连接方式　　D.电路的功率因数

221.为确保用电安全，日常生活用电的供电系统采用的供电方式是(　　)。

A.三相三线制星形

B.三相三线制三角形

C.三相四线制星形

D.可以是三相三线制星形，也可以是三相四线制星形

222.动力供电线路中，采用星形连接三相四线制供电，交流电频率为50 Hz，线电压为380 V，则(　　)。

A.相电压的有效值为220 V　　B.线电压的最大值为380 V

C.相电压的瞬时值为220 V　　D.交流电的周期为0.2 s

223.在如图所示的三相四线制电源中，用电压表测量电源线的电压以确定零线，测量结果为$U_{12}=380$ V，$U_{23}=220$ V，则(　　)。

A.2号为零线　　B.3号为零线

C.4号为零线　　D.1号为零线

224.在如图所示的三相四线制电源中，用电压表测量电源线的电压以确定零线，测量结果为$U_{23}=380$ V，$U_{34}=220$ V，则(　　)。

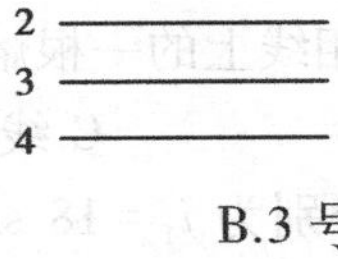

A.2号为零线　　B.3号为零线

C.4 号为零线　　　　　　　　　　D.1 号为零线

225.在如图所示的三相四线制电源中,用电压表测量电源线的电压以确定零线,测量结果$U_{14}=380$ V,$U_{34}=220$ V,则(　　)。

A.2 号为零线　　　　　　　　　　B.3 号为零线

C.4 号为零线　　　　　　　　　　D.1 号为零线

226.在如图所示的三相四线制电源中,用电压表测量电源线的电压以确定零线,测量结果$U_{14}=380$ V,$U_{23}=220$ V,则(　　)。

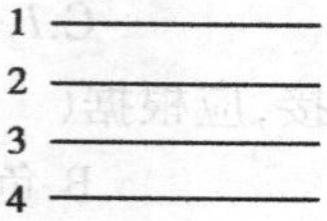

A.2 号为零线　　　　　　　　　　B.3 号为零线

C.4 号为零线　　　　　　　　　　D.无法确定

227.三相电源星形连接,三相负载对称,则(　　)。

A.三相负载三角形连接时,每相负载的电压等于电源线电压

B.三相负载三角形连接时,每相负载的电流等于电源线电流

C.三相负载星形连接时,每相负载的电压等于电源线电压

D.三相负载星形连接时,每相负载的电流等于线电流的$\frac{\sqrt{3}}{3}$

228.同一三相对称负载接在同一电源中,作三角形连接时三相电路相电流、线电流、有功功率分别是作星形连接时的(　　)倍。

A.$\sqrt{3}$、$\sqrt{3}$、$\sqrt{3}$　　B.$\sqrt{3}$、$\sqrt{3}$、3　　C.$\sqrt{3}$、3、$\sqrt{3}$　　D.$\sqrt{3}$、3、3

229.如图所示,三相电源线电压为 380 V,$R_1=R_2=R_3=109\ \Omega$,则电压表和电流表的读数为(　　)。

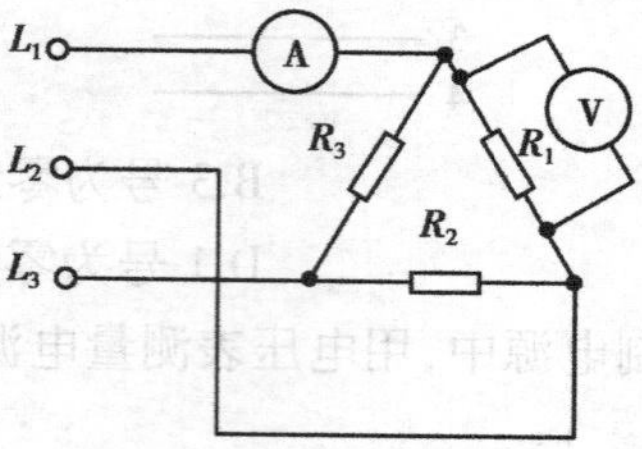

A.220 V、22 A　　B.380 V、38 A　　C.380 V、$38\sqrt{3}$ A　　D.$8\sqrt{3}$ A、380 V

230.对称三相四线制供电线路,若相线上的一根熔体熔断,则熔体两端的电压为(　　)。

A.线电压　　B.相电压　　C.线电压+相电压　　D.线电压的一半

231.某三相电路中的 3 个线电流分别为 $i_1=18\sin(\omega t+30)$ A、$i_2=18\sin(\omega t-90)$ A、$i_3=$

18 $\sin(\omega t+150)$ A，当 $t=7$ s 时，这 3 个电流之和 $i=i_1+i_2+i_3$ 为(　　)。

A.18 A　　B.$18\sqrt{2}$ A　　C.$18\sqrt{3}$ A　　D.0

232.在三相四线制线路上，连接 3 个相同的白炽灯，它们都正常发光，如果中性线断开，则(　　)。

A.3 个灯都将变暗　　B.灯将因过亮而烧毁

C.仍能正常发光　　D.立即熄灭

233.某三相电源绕组连成 Y 时，线电压为 380 V，若将它改接成三角形，则线电压为(　　)。

A.380 V　　B.550 V　　C.220 V　　D.都不对

234.如图所示，若电压表 V_1 的读数为 380 V，电流表 A_1 的读数为 10 A，则电压表 V_2 的读数为(　　)。

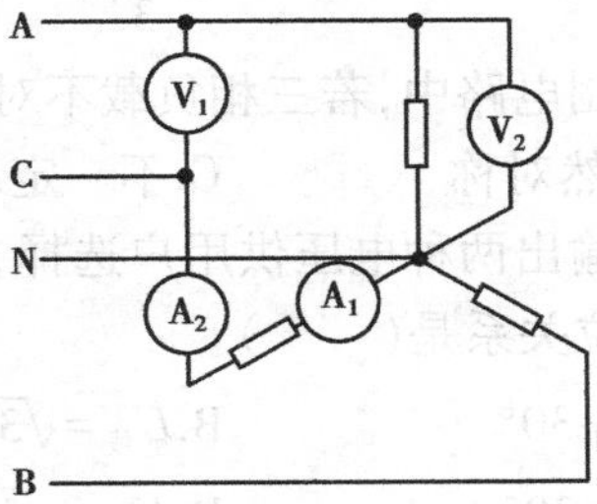

A.$380\sqrt{3}$ V　　B.380 V　　C.311 V　　D.220 V

235.如图所示，若电压表 V_1 的读数为 380 V，电流表 A_1 的读数为 10 A，则电流表 A_2 的读数为(　　)。

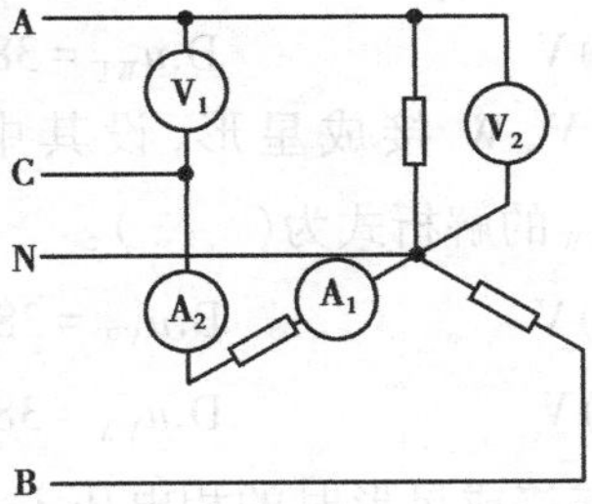

A.$10\sqrt{3}$ A　　B.10 A　　C.$\frac{10}{3}\sqrt{3}$ A　　D.$5\sqrt{2}$ A

236.如图所示，若电压表 V_1 的读数为 380 V，电流表 A_1 的读数为 10 A，则电压表 V_2 的读数为(　　)。

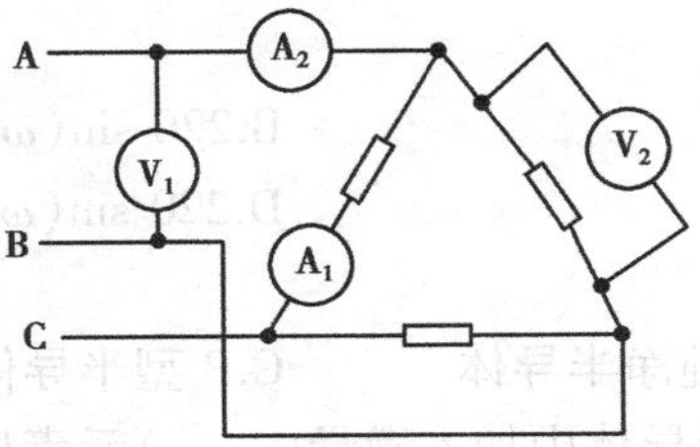

A.$380\sqrt{3}$ V　　B.380 V　　C.311 V　　D.220 V

237.如图所示，若电压表 V_1 的读数为 380 V，电流表 A_1 的读数为 10 A，则电流表 A_2 的读数为(　　)。

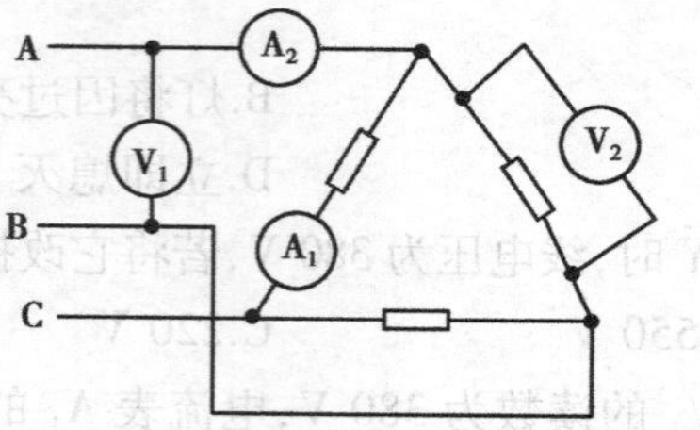

A.$10\sqrt{3}$ A　　B.10 A　　C.$\frac{10}{3}\sqrt{3}$　　D.$5\sqrt{2}$ A

238.在电源对称的三相四线制电路中，若三相负载不对称，则该负载各相电压(　　)。

A.不对称　　B.仍然对称　　C.不一定对称　　D.无法确定

239.三相四线制供电系统可输出两种电压供用户选择，即线电压 $U_{线}$ 和相电压 $U_{压}$。这两种电压的数值关系是(　　)，相位关系是(　　)。

A.$U_{线}=\sqrt{3}U_{相}$，$U_{线}$ 滞后 $U_{相}$ 30°　　B.$U_{线}=\sqrt{3}U_{相}$，$U_{线}$ 超前 $U_{相}$ 30°

C.$U_{线}=\sqrt{3}U_{相}$，$U_{相}$ 超前 $U_{线}$ 30°　　D.$U_{线}=\sqrt{3}U_{相}$，$U_{相}$ 滞后 $U_{线}$ 30°

240.发电机的三相绕组 U，V，W 接成星形，设其中某两根相线之间的电压 $u_{UV}=380\sqrt{2}\sin(\omega t-30°)$ V，则线电压 u_{WU} 的解析式为(　　)。

A.$u_{WU}=380\sqrt{2}\ \sin(\omega t-30°)$ V　　B.$u_{WU}=380\sqrt{2}\ \sin(\omega t-150°)$ V

C.$u_{WU}=380\sqrt{2}\ \sin(\omega t+90°)$ V　　D.$u_{WU}=380\sqrt{2}\ \sin(\omega t+120°)$ V

241.发电机的三相绕组 U，V，W 接成星形，设其中某两根相线之间的电压 $u_{UV}=380\sqrt{2}\sin(\omega t-30°)$ V，则线电压 u_{VW} 的解析式为(　　)。

A.$u_{VW}=380\sqrt{2}\ \sin(\omega t-30°)$ V　　B.$u_{VW}=380\sqrt{2}\ \sin(\omega t-150°)$ V

C.$u_{VW}=380\sqrt{2}\ \sin(\omega t+90°)$ V　　D.$u_{VW}=380\sqrt{2}\ \sin(\omega t+120°)$ V

242.已知某三相发电机绕组连接成星形时的相电压 $U_U=220\sqrt{2}\sin(314t+30°)$ V，$U_V=220\sqrt{2}\sin(314t-90°)$ V，$U_W=220\sqrt{2}\sin(314t+150°)$ V，则线电压的解析式正确的是(　　)。

A.$U_{VW}=380\sqrt{2}\ \sin(\omega t-30°)$ V　　B.$U_{VW}=380\sqrt{2}\ \sin(\omega t-60°)$ V

C.$U_{VW}=380\sqrt{2}\ \sin(\omega t+90°)$ V　　D.$U_{VW}=380\sqrt{2}\ \sin(\omega t+120°)$ V

243.当三相交流发电机的三个绕组接成星形时，若线电压 $U_{BC}=380\sin\omega t$ V，则相电压 U_C 为(　　)V。

A.$220\ \sin(\omega t+90°)$　　B.$220\ \sin(\omega t-30°)$

C.$220\ \sin(\omega t-150°)$　　D.$220\ \sin(\omega t+60°)$

244.本征半导体是(　　)。

A.掺杂半导体　　B.纯净半导体　　C.P 型半导体　　D.N 型半导体

245.P 型半导体是在本征半导体中加入微量(　　)元素构成的。

A.三价　　B.四价　　C.五价　　D.六价

246.N 型半导体是在本征半导体中加入微量(　　)元素构成的。

A.三价　　B.四价　　C.五价　　D.六价

247.P 型半导体的多数载流子是(　　)。

A.电子　　B.空穴　　C.电荷　　D.电流

248.N 型半导体的多数载流子是(　　)。

A.电流　　B.自由电子　　C.电荷　　D.空穴

249.下列关于 N 型半导体的说法错误的是(　　)。

A.自由电子是多数载流子

B.在二极管中由 N 型半导体引出的线是二极管的阴极

C.在纯净的硅晶体中加入三价元素硼,可形成 N 型半导体

D.在 PNP 型晶体管中,基区是 N 型半导体

250.关于 P 型、N 型半导体内参与导电的粒子,下列说法正确的是(　　)。

A.无论是 P 型还是 N 型半导体,参与导电的都是自由电子和空穴

B.P 型半导体中只有空穴导电

C.N 型半导体中只有自由电子参与导电

D.在半导体中有自由电子、空穴、离子参与导电

251.半导体的导电能力随温度升高而(　　),金属导体的电阻随温度升高而(　　)。

A.降低,降低　　B.降低,升高　　C.升高,降低　　D.升高,升高

252.PN 结呈现正向导通的条件是(　　)。

A.P 区电位低于 N 区电位　　B.N 区电位低于 P 区电位

C.P 区电位等于 N 区电位　　D.N 区接地

253.二极管的反向电流随温度降低而(　　)。

A.升高　　B.减小　　C.不变　　D.不确定

254.半导体 PN 结的主要特性是(　　)。

A.具有放大特性　　B.具有改变电压特性

C.具有单向导电性　　D.具有增强内电场性

255.晶体二极管的主要特性是(　　)。

A.放大特性　　B.恒温特性　　C.单向导电性　　D.恒流特性

256.在半导体 PN 结两端施加(　　)就可使其导通。

A.正向电子流　　B.正向电压　　C.反向电压　　D.反向电子流

257.硅二极管导通时,它两端的正向导通压降约为(　　)。

A.0.1 V　　B.0.7 V　　C.0.3 V　　D.0.5 V

258.硅二极管的死区电压约为(　　)。

A.0.1 V　　B.0.7 V　　C.0.3 V　　D.0.5 V

259.锗二极管导通时,它两端的正向导通压降约为(　　)。

A.0.1 V　　B.0.7 V　　C.0.3 V　　D.0.5 V

260.锗二极管的死区电压约为(　　)。

A.0.1 V　　B.0.7 V　　C.0.3 V　　D.0.5 V

261.二极管由(　　)个 PN 结组成。

A.1　　B.2　　C.3　　D.0

262.晶体二极管的主要功能之一是(　　)。

A.电压放大　　B.线路电流放大　　C.功率放大　　D.整流

263.晶体二极管的正极电位是-8 V,负极电位是-2 V,则该晶体二极管处于(　　)。

A.反偏　　B.正偏　　C.零偏　　D.不可判断

264.晶体二极管的正极电位是-10 V,负极电位是-16 V,则该晶体二极管处于(　　)。

A.反偏　　B.正偏　　C.零偏　　D.不可判断

265.稳压二极管具有(　　)作用。

A.开关　　B.稳压　　C.放大　　D.滤波

266.二极管的反向电阻(　　)。

A.小　　B.大　　C.中等　　D.为零

267.下列说法正确的是(　　)。

A.N 型半导体带负电

B.P 型半导体带正电

C.PN 结型半导体为电中性体

D.PN 结内存在着内电场,短接两端会有电流产生

268.当温度升高时,二极管的反向饱和电流将(　　)。

A.增大　　B.不一定　　C.减小　　D.不变

269.锗二极管的正向导通压降比硅二极管的正向导通压降(　　)。

A.大　　B.小　　C.相等　　D.无法判断

270.稳压二极管的正常工作状态是(　　)。

A.导通状态　　B.截止状态　　C.反向击穿状态　　D.饱和状态

271.整流电路的目的是(　　)。

A.将交流变为直流　　B.将高频变为低频

C.将正弦波变为方波　　D.将直流变为交流

272.下列符号中,表示稳压二极管的是(　　)。

A.　　B.　　C.　　D.

273.下列符号中,表示发光二极管的是(　　)。

A.　　B.　　C.　　D.

274.下列符号中,表示光电二极管的是(　　)。

A.　　B.　　C.　　D.

275.在桥式整流电容滤波电路中,若有一只二极管断路,则负载两端的直流电压会(　　)。

A.下降　　B.升高　　C.变为 0　　D.保持不变

276.稳压二极管是利用二极管的(　　)特征制造的特殊二极管。

A.正向导通时电压变化变化小

B.反向截止时电流变化小

C.反向击穿时电压变化小而反向电流变化大

D.单向导电

277.如下图所示,电路中处于导通状态的二极管是(　　)。

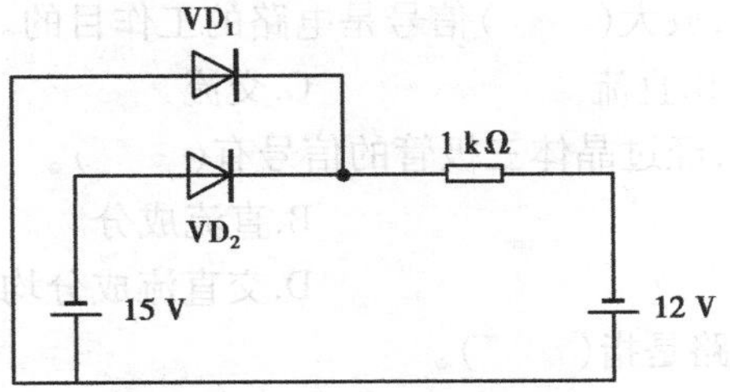

A.只有 VD_1　　B.只有 VD_2

C.VD_1 和 VD_2　　D.VD_1 和 VD_2 均不导通

278.在整流电路中,设整流电流平均值为 I_0,则流过每只二极管的电流平均值 $I_D = I_0$ 的电路是(　　)。

A.单相桥式整流电路　　B.单相半波整流电路

C.单相全波整流电路　　D.以上都不是

279.如下图所示,两个硅稳压二极管的稳压值分别为 3 V 和 6 V,如果输入电压 U_I 为 8 V,则输出电压 U_o 为(　　)。

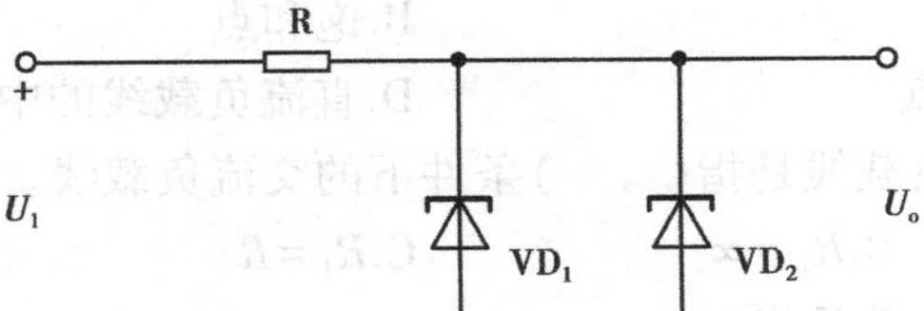

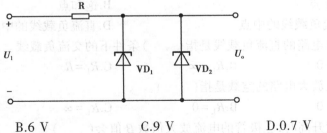

A.3 V　　B.6 V　　C.9 V　　D.0.7 V

280.半导体二极管按结构的不同可分为点接触型和面接触型,点接触型二极管能承受的正向电流和面接触型二极管能承受的正向电流各(　　)。

A.较小,较小　　B.较小,较大　　C.较大,较小　　D.较大,较大

281.当硅晶体二极管加上 0.2 V 正向电压时,该晶体二极管相当于(　　)。

A.小阻值电阻　　B.一根导线

C.内部短路　　D.阻值很大的电阻

282.两个硅稳压管,$U_{Z1} = 6$ V,$U_{Z2} = 9$ V,下列选项中不是两者串联时可能得到的稳压值的是(　　)。

A.15 V　　B.6.7 V　　C.9.7 V　　D.3 V

283.在晶体三极管放大电路中，既能放大电压，也能放大电流的电路是(　　)。

A.共发射极　　B.共集电极　　C.共基极　　D.共漏极

284.晶体三极管共发射极放大电路具有(　　)的作用。

A.仅放大　　B.仅反相　　C.放大与反相　　D.电压跟随

285.放大电路的静态是指(　　)。

A.输入直流信号为零时的状态　　B.输入交流信号为零时的状态

C.输入交直流信号为零时的状态　　D.输入交流信号不为零时的状态

286.在基本放大电路中，放大(　　)信号是电路的工作目的。

A.交流和直流　　B.直流　　C.交流　　D.高频脉冲

287.在基本放大电路中，经过晶体三极管的信号有(　　)。

A.高频脉冲成分　　B.直流成分

C.交流成分　　D.交直流成分均有

288.放大电路的交流通路是指(　　)。

A.电压回路　　B.电流通过的路径

C.交流信号流通的路径　　D.直流信号流通的路径

289.在三极管的输出特性曲线中，每一条曲线与(　　)对应。

A.输入电压　　B.基极电压

C.基极电流　　D.输出电压

290.三极管的伏安特性是指它的(　　)。

A.输入特性　　B.输出特性

C.输入特性与输出特性　　D.输入信号与电源关系

291.为了增大放大电路的动态范围，其静态工作点应选择(　　)。

A.截止点　　B.饱和点

C.交流负载线的中点　　D.直流负载线的中点

292.放大电路的直流负载线是指(　　)条件下的交流负载线。

A.$R_L=0$　　B.$R_L=\infty$　　C.$R_L=R_C$　　D.$R_L=R_B$

293.电压放大电路的空载是指(　　)。

A.$R_C=0$　　B.$R_L=0$　　C.$R_L=\infty$　　D.$R_B=\infty$

294.温度升高时，三极管的电流放大倍数β值会(　　)。

A.不变　　B.变小　　C.变大　　D.不确定

295.温度降低时，三极管的电流放大倍数β值会(　　)。

A.不变　　B.变小　　C.变大　　D.不确定

296.某三极管的发射极电流等于1 mA，基极电流等于75 μA，正常工作时它的集电极电流为(　　)。

A.0.925 mA　　B.0.75 mA　　C.1.075 mA　　D.1.75 mA

297.某三极管的发射极电流等于1.025 mA，基极电流等于25 μA，正常工作时它的电流放大倍数β值为(　　)。

A.30　　B.40　　C.41　　D.51

298.测得某三极管集电极电流是 2 mA,发射极电流 2.02 mA,则该管的直流电流放大系数为(　　)。

A.0.02　　B.1　　C.50　　D.100

299.三极管在组成放大器时,根据公共端的不同,连接方式有(　　)种。

A.1　　B.2　　C.3　　D.4

300.在阻容耦合放大器中,耦合电容的作用是(　　)。

A.隔断直流,传送交流　　B.隔断交流,传送直流

C.传送交流和直流　　D.隔断交流和直流

301.为了放大缓慢变化的非周期信号或直流信号,应采用(　　)。

A.阻容耦合电路　　B.变压器耦合电路

C.直接耦合电路　　D.二极管耦合电路

302.共射极放大电路的输入信号加在三极管(　　)之间。

A.基极和发射极　　B.基极和集电极

C.发射极和集电极　　D.基极和电源

303.共射极放大电路的输出信号加在三极管(　　)之间。

A.基极和发射极　　B.基极和集电极

C.集电极和发射极　　D.基极和电源

304.工作在放大区的某三极管,如果当 I_B 从 12 μA 增大到 22 μA 时,I_C 从 1 mA 变为 2 mA,那么它的 β 约为(　　)。

A.83　　B.91　　C.100　　D.110

305.在三极管放大器中,三极管各极电位最高的是(　　)。

A.NPN 管的发射极　　B.NPN 管的集电极

C.PNP 管的基极　　D.PNP 管的集电极

306.用万用表测得 NN 型晶体三极管各电极对地的电位分别是 $V_B=4.7$ V,$V_C=4.3$ V 和 $V_E=4$ V,则该晶体三极管的工作状态是(　　)。

A.饱和　　B.放大　　C.截止　　D.短路

307.测得某放大电路中三极管各极电位分别是 3 V、2.3 V 和 12 V,则三极管的 3 个电极分别是(　　)。

A.(E、B、C)　　B.(B、C、E)　　C.(B、E、C)　　D.(C、B、E)

308.测得某放大电路中三极管各极电位分别是 0 V、-6 V、0.2 V,则三极管的 3 个电极分别是(　　)。

A.(E、C、B)　　B.(C、B、E)　　C.(B、C、E)　　D.(B、E、C)

309.测得放大电路中某晶体管 3 个电极对地电位分别为 6 V、5.3 V 和 12 V,则该三极管的类型为(　　)。

A.硅 PNP 型　　B.硅 NPN 型　　C.锗 PNP 型　　D.锗 NPN 型

310.测得放大电路中某晶体管 3 个电极对地电位分别为 4 V、3.7 V 和 8 V,则该三极管的类型为(　　)。

A.硅 PNP 型　　B.硅 NPN 型　　C.锗 PNP 型　　D.锗 NPN 型

311.使用三极管时，如果集电极功耗超过该三极管最大集电极耗散功率 PCM，则可能会发生(　　)。

A.击穿　　B.正常工作　　C.烧坏　　D.β 变小

312.测得晶体管 3 个电极的静态电流分别为 0.06 mA、3.66 mA 和 3.6 mA，则该管的 β 约为(　　)。

A.30　　B.40　　C.50　　D.60

313.测得晶体管 3 个电极的静态电流分别为 0.03 mA、3 mA 和 3.03 mA，则该管的 β 约为(　　)。

A.100　　B.60　　C.50　　D.40

314.在一个放大电路中，测得某三极管各极对地电位分别为 $U_1=3$ V，$U_2=-3$ V，$U_3=-2.7$ V，则该三极管为(　　)。

A.硅 PNP 型　　B.硅 NPN 型　　C.锗 NPN 型　　D.锗 PNP 型

315.已知某三极管的 C、B、E 3 个电极电位分别为 10 V、2.3 V 和 2 V，则可判断该三极管的类型及工作状态为(　　)。

A.NPN 型，放大状态　　B.PNP 型，截止状态

C.NPN 型，饱和状态　　D.PNP 型，放大状态

316.已知某三极管的 C、B、E 3 个电极电位分别为 2 V、6.3 V、7 V，则可判断该三极管的类型及工作状态为(　　)。

A.NPN 型，放大状态　　B.PNP 型，截止状态

C.NPN 型，饱和状态　　D.PNP 型，放大状态

317.共射极放大电路的交流输出波形上半周失真时为(　　)失真。

A.饱和　　B.截止　　C.交越　　D.饱和和截止

318.共射极放大电路的交流输出波形下半周失真时为(　　)失真。

A.饱和　　B.截止　　C.交越　　D.频率

319.静态工作点过高会产生(　　)失真。

A.交越　　B.饱和　　C.截止　　D.饱和和截止

320.静态工作点过低会产生(　　)失真。

A.交越　　B.饱和　　C.截止　　D.饱和和截止

321.如下图所示电路中，三极管(NPN 管为硅管，PNP 管为锗管)不是工作在放大状态的是(　　)。

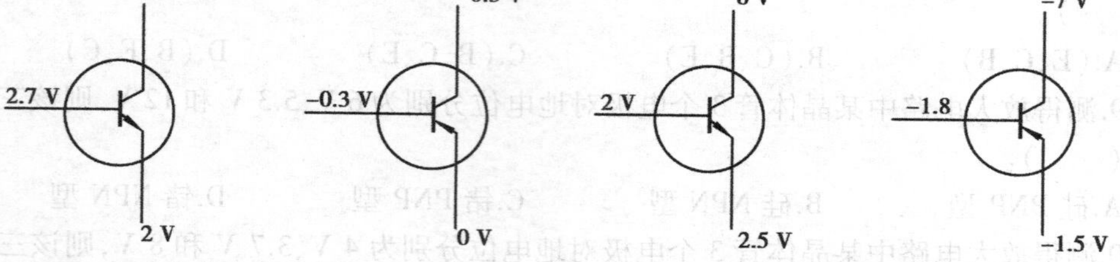

A.　　B.　　C.　　D.

322.如下图所示电路中，三极管工作在放大状态的NPN型硅管是（　　）。

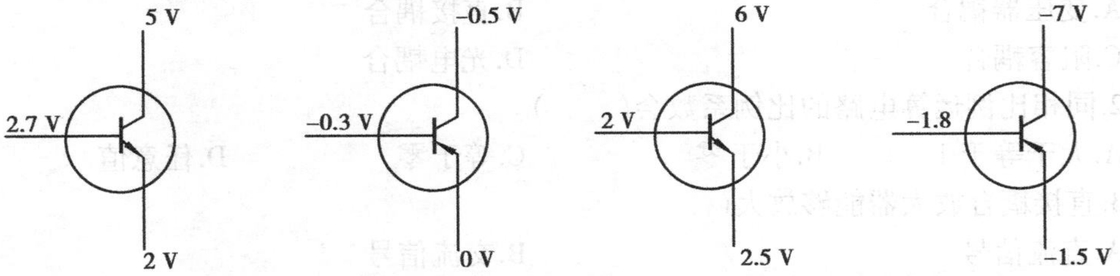

A.　　　　B.　　　　C.　　　　D.

323.已知某晶体管的 $P_{CM}=100$ mW，$I_{CM}=20$ mA，$U_{CEO}=15$ V，在下列工作条件下，能正常工作的是（　　）。

A.$U_{CE}=2$ V，$I_C=40$ mA　　B.$U_{CE}=3$ V，$I_C=10$ mA

C.$U_{CE}=4$ V，$I_C=30$ mA　　D.$U_{CE}=6$ V，$I_C=25$ mA

324.在基本单管共射放大器中，集电极电阻 R_c 的作用是（　　）。

A.限制集电极电流

B.将三极管的电流放大作用转换成电压放大作用

C.没什么作用

D.将三极管的电压放大作用转换成电流放大作用

325.理想集成运放具有的特点是（　　）。

A.开环差模增益 $A_{ud}=\infty$，差模输入电阻 $R_{id}=\infty$，输出电阻 $R_o=\infty$

B.开环差模增益 $A_{ud}=\infty$，差模输入电阻 $R_{id}=\infty$，输出电阻 $R_o=0$

C.开环差模增益 $A_{ud}=0$，差模输入电阻 $R_{id}=\infty$，输出电阻 $R_o=\infty$

D.开环差模增益 $A_{ud}=0$，差模输入电阻 $R_{id}=\infty$，输出电阻 $R_o=0$

326.在输入量不变的情况下，若引入反馈后（　　），则说明引入的反馈是负反馈。

A.输入量减小　　B.输出量增大

C.净输入量增大　　D.净输入量减小

327.负反馈能抑制（　　）。

A.输入信号所包含的干扰和噪声　　B.反馈环内的干扰和噪声

C.反馈环外的干扰和噪声　　D.输出信号中的干扰和噪声

328.对于集成运算放大电路，所谓开环是指（　　）。

A.无信号源　　B.无反馈通路　　C.无电源　　D.无负载

329.对于集成运算放大电路，所谓闭环是指（　　）。

A.考虑信号源内阻　　B.接入负载

C.接入电源　　D.存在反馈通路

330.下列关于线性集成运放的说法错误的是（　　）。

A.用于同相比例运算时，闭环电压放大倍数总是大于等于1

B.一般运算电路可利用“虚短”和“虚断”的概念求出输入和输出的关系

C.在一般的模拟运算电路中往往要引入负反馈

D.在一般的模拟运算电路中，集成运放的反相输入端总为“虚地”

331.集成运放级间耦合方式是(　　)。

A.变压器耦合　　B.直接耦合

C.阻容耦合　　D.光电耦合

332.同相比例运算电路的比例系数会(　　)。

A.大于等于 1　　B.小于零　　C.等于零　　D.任意值

333.直接耦合放大器能够放大(　　)。

A.直流信号　　B.交流信号

C.交流信号和直流信号　　D.任何频率范围的信号

334.下列关于集成运放理想特性的叙述,错误的是(　　)。

A.输入阻抗无穷大　　B.输出阻抗等于零

C.频带宽度很小　　D.开环电压放大倍数无穷大

335.反相比例运算电路的电压放大倍数为(　　)。

A.$-R_f/R_1$　　B.R_1/R_f　　C.$1-R_1/R_f$　　D.$1+R_f/R_1$

336.同相比例运算电路的电压放大倍数为(　　)。

A.$-R_f/R_1$　　B.R_1/R_f　　C.$1-R_1/R_f$　　D.$1+R_f/R_1$

337.用运算放大器构成的“跟随器”电路的输出电压与输入电压(　　)。

A.相位相同,大小成一定比例　　B.相位和大小都相同

C.相位相反,大小成一定比例　　D.相位和大小都不同

338.差模输入信号是两个输入信号的(　　)。

A.和　　B.差　　C.比值　　D.平均值

339.输出量与若干个输入量之和成比例关系的电路称为(　　)。

A.加法比例运算电路　　B.减法电路

C.积分电路　　D.微分电路

340.集成运算放大器,输入端电压与输出端电压的相位关系为(　　)。

A.同相　　B.反相　　C.相位差 90°　　D.相位差 270°

341.理想运算放大器的开环差模输入电阻 R_{id} 是(　　)。

A.无穷大　　B.零　　C.约几百千欧　　D.约几百欧

342.理想运算放大器的共模抑制比为(　　)。

A.无穷大　　B.零　　C.约 120 dB　　D.约 10 dB

343.理想运算放大器的开环输出电阻 R_o 是(　　)。

A.无穷大　　B.零　　C.约几百千欧　　D.约几百欧

344.直接耦合电路中存在零点漂移主要是因为(　　)。

A.晶体管的非线性　　B.电阻阻值有误差

C.晶体管参数受温度影响　　D.静态工作点设计不当

345.在集成运算放大电路中,为了稳定电压放大倍数,通常引入(　　)负反馈。

A.直流　　B.交流　　C.串联　　D.并联

346.在集成运算放大电路中,为了稳定静态工作点,通常引入(　　)负反馈。

A.直流　　B.交流　　C.串联　　D.并联

347.为了使放大器带负载能力强，通常引入(　　)负反馈。

A.电压　　B.电流　　C.串联　　D.并联

348.引入并联负反馈，可使放大器的(　　)。

A.输出电压稳定　　B.反馈环内输入电阻增加

C.反馈环内输入电阻减小　　D.输出电流稳定

349.为了增大输出电阻，应在放大电路中引入(　　)。

A.电流负反馈　　B.电压负反馈

C.直流负反馈　　D.交流负反馈

350.欲减小放大电路从信号源索取的电流，增大带负载能力，应在放大电路中引入(　　)。

A.电压串联负反馈　　B.电压并联负反馈

C.电流串联负反馈　　D.电流并联负反馈

351.欲从信号源获得更大的电流，并稳定输出电流，应在放大电路中引入(　　)。

A.电压串联负反馈　　B.电压并联负反馈

C.电流串联负反馈　　D.电流并联负反馈

352.工作在线性区的运算放大器应置于(　　)状态。

A.深度负反馈　　B.开环　　C.闭环　　D.正反馈

353.在4种反馈组态中，能够使输出电压稳定，并提高输入电阻负反馈的是(　　)。

A.电压并联负反馈　　B.电压串联负反馈

C.电流并联负反馈　　D.电流串联负反馈

354.电压并联负反馈对放大器输入电阻和输出电阻的影响是(　　)。

A.输入电阻变大，输出电阻变小　　B.输入电阻变小，输出电阻变小

C.输入电阻变大，输出电阻变大　　D.输入电阻变小，输出电阻变大

355.集成运放具有很高的开环电压放大倍数，这得益于(　　)。

A.输入级常采用差分放大器　　B.中间级由多级直接耦合放大器构成

C.输出级常采用射极输出器　　D.中间级由多级阻容耦合放大器构成

356.集成运放的主要参数不包括(　　)。

A.输入失调电压　　B.开环放大倍数

C.共模抑制比　　D.最大工作电流

357.集成运放组成(　　)放大器的输入电流基本上等于流过反馈电阻的电流。

A.同相比例运算　　B.反相比例运算

C.差动　　D.开环

358.集成运放组成(　　)放大器输入电阻大。

A.同相比例运算　　B.反相比例运算

C.差动　　D.开环

359.欲实现$A_u=-100$的放大电路，应选用(　　)。

A.反相比例运算电路　　B.同相比例运算电路

C.积分运算电路　　D.微分运算电路

360.集成运算放大电路调零和消振应在(　　)进行。

A.加信号前　　B.加信号后

C.自激振荡情况下　　D.以上情况都不行

361.欲将正弦波电压叠加上一个直流量,应选用(　　)。

A.加法运算电路　　B.减法运算电路

C.积分运算电路　　D.微分运算电路

362.集成运算放大器对输入级的主要要求是(　　)。

A.尽可能高的电压放大倍数

B.尽可能大的带负载能力

C.尽可能高的输入电阻,尽可能小的零点漂移

D.尽可能小的输出电阻

363.集成运算放大器具有(　　)等特点。

A.高输入电阻　　B.高输出电阻

C.差模电压放大倍　　D.抑制零点漂移

364.集成运算放大器中间级的主要特点是(　　)。

A.输出电阻低,带负载能力强　　B.能完成抑制零点漂移

C.电压放大倍数非常高　　D.输出电阻高,带负载能力强

365.集成运算放大器的共模抑制比越大,表示该组件(　　)。

A.差模信号放大倍数越大　　B.带负载能力越强

C.抑制零点漂移的能力越强　　D.共模信号放大倍数越大

366.构成反馈通路的元器件(　　)。

A.只能是电阻元件　　B.只能是电容元件

C.只能是三极管,集成运放等有源器件　　D.可以是无源元件,也可以是有源器件

367.同相输入比例运算放大器电路中的反馈极性和类型属于(　　)。

A.正反馈　　B.串联电流负反馈

C.并联电压负反馈　　D.串联电压负反馈

368.在运算放大器电路中,引入深度负反馈的目的之一是使运放(　　)。

A.工作在线性区,降低稳定性　　B.工作在非线性区,提高稳定性

C.工作在线性区,提高稳定性　　D.工作在非线性区,降低稳定性

369.在直流稳压电源中,加滤波电路的主要作用是(　　)。

A.去掉脉动直流电中的脉动　　B.将高频信号变成低频信号

C.去掉正弦波信号中的脉动成分　　D.将交流电变直流电

370.直流稳压电流一般包括(　　)组成部分。

A.变压、整流、滤波　　B.变压、滤波、稳压

C.变压、整流、放大、滤波　　C.变压、整流、滤波、稳压

371.整流电路中利用具有单向导电性能的(　　)元件,将交流电转换成脉动直流电。

A.电阻　　B.电容　　C.电感　　D.二极管

372.单相桥式整流电路,加上电容滤波后,其输出的直流电压将(　　)。

A.增大　　B.减小　　C.不变　　D.为0

373.整流电路中滤波器滤波可使波形变得(　　)。

A.尖锐　B.受控　C.平滑　D.抖动

374.并联型直流稳压电路中,稳压管与负载(　　)。

A.串联　B.并联　C.混联　D.串联或并联

375.在单相桥式整流电路中,若有一只整流管接反,则电路可能(　　)。

A.仍是桥式整流电路　B.变成半波整流电路

C.整流管将因电流过大而烧坏　D.输出电压增大1倍

376.在单相桥式整流电路中,若整流管开路,则输出(　　)。

A.变为半波整流波形　B.变为全波整流波形

C.无波形且变压器损坏　D.波形不变

377.在单相桥式整流电容滤波电路中,如变压器二次侧绕组电压为 $U_2=20$ V,输出电压为18 V,则该电路可能是工作在(　　)情况。

A.正常　B.负载断路　C.电容断路　D.有一个二极管断路

378.单相桥式整流电路中,流过每只整流二极管的平均电流是负载平均电流的(　　)。

A.1/4　B.1/2　C.1.5倍　D.2倍

379.单相半波整流电路中,输出直流电压 U_o 与变压器二次侧绕组电压 U_2 的关系可表述为(　　)。

A.$U_o=0.45U_2$　B.$U_o=0.9U_2$　C.$U_o=U_2$　D.$U_o=1.2U_2$

380.单相桥式整流电路中,输出直流电压 U_o 与变压器二次侧绕组电压 U_2 的关系可表述为(　　)。

A.$U_o=0.45U_2$　B.$U_o=0.9U_2$　C.$U_o=U_2$　D.$U_o=1.2U_2$

381.单相桥式整流电容滤波电路输出电压平均值 $U_o=$(　　)U_2。

A.0.45　B.0.9　C.1.0　D.1.2

382.由理想二极管组成的单相桥式整流电路(无滤波电路),其输出电压的平均值为9 V,则输入的正弦电压有效值应为(　　)。

A.10 V　B.4.5 V　C.18 V　D.20 V

383.桥式整流加电容滤波电路,设整流输入电压有效值为20 V,此时,输出的电压约为(　　)。

A.24 V　B.18 V　C.9 V　D.28.2 V

384.在单相桥式整流电路中,变压器次级电压为10 V(有效值),则每只整流二极管承受的最大反向电压为(　　)。

A.10 V　B.14.14 V　C.7.07 V　D.20 V

385.单相桥式整流电路中,负载电阻为100 Ω,输出电压平均值为10 V,则流过每个整流二极管的平均电流为(　　)。

A.10 A　B.0.05 A　C.0.1 A　D.1 A

386.硅稳压二极管并联型稳压电路中,硅稳压二极管必须与限流电阻串联,此限流电阻的作用是(　　)。

A.提供偏流　B.仅是限流电阻

C.兼有限制电流和调节电压两个作用　D.仅调节电压

387.稳压二极管构成的并联型稳压电路的正确接法是(　　)。

A.限流电阻与稳压二极管串联后,负载电阻再与稳压二极管并联

B.稳压二极管与负载电阻并联

C.稳压二极管与负载电阻串联

D.限流电阻与稳压二极管串联后,负载电阻再与稳压二极管串联

388.欲测单相桥式整流电路的输入电压 U_i 及输出电压 U_o,应采用的方法是(　　)。

A.用交流电压表测 U_i,用直流电压表测 U_o

B.用交流电压表分别测 U_i 及 U_o

C.用直流电压表测 U_i,用交流电压表测 U_o

D.用直流电压表分别测 U_i 及 U_o

389.在串联型直流稳压电路中,调整管工作在(　　)状态。

A.饱和　　B.截止　　C.开关　　D.放大

390.若要组成输出电压可调、最大输出电流为 3 A 的直流稳压电源,则应采用(　　)。

A.电容滤波稳压管稳压电路　　B.电感滤波稳压管稳压电路

C.电容滤波串联型稳压电路　　D.电感滤波串联型稳压电路

391.串联型稳压电路中的放大环节所放大的对象是(　　)。

A.基准电压　　B.采样电压

C.基准电压与采样电压之差　　D.调整管电压

392.三端集成稳压器 CW7812 的输出电压是(　　)。

A.12 V　　B.5 V　　C.9 V　　D.78 V

393.三端集成稳压器 CXX7805 的输出电压是(　　)。

A.0 V　　B.5 V　　C.8 V　　D.78 V

394.三端集成稳压器 CW7906 的输出电压是(　　)。

A.-6 V　　B.-9 V　　C.6 V　　D.9 V

395.数字电路中,晶体管工作在(　　)状态。

A.仅放大　　B.仅截止　　C.仅饱和　　D.截止与饱和

396.二进制数 10111 转换为十进制数为(　　)。

A.15　　B.21　　C.18　　D.23

397.十进制数 15 转换为二进制数为(　　)。

A.1111　　B.1001　　C.1110　　D.1101

398.在门电路中,通常所说的"全'1'出'1'"指的是(　　)功能。

A.非门　　B.与门　　C.或门　　D.同或

399.在数字电路中,变量的或逻辑运算,1+1=(　　)。

A.0　　B.1　　C.10　　D.2

400.二输入端与非门,其输入端为 A、B,输出端为 Y,则表达式 Y=(　　)。

A.AB　　B.$\overline{AB}$　　C.$\overline{A+B}$　　D.A+B

401.下列属于或非门的逻辑符号的是(　　)。

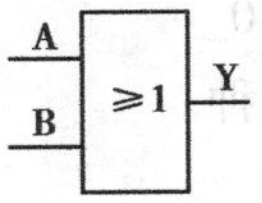

A.

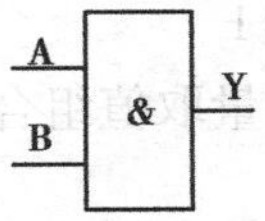

B.

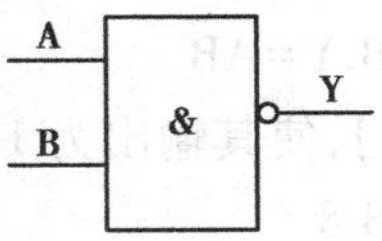

C.

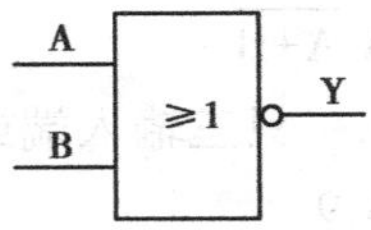

D.

402.如图所示,属于或门电路的是(　　)。

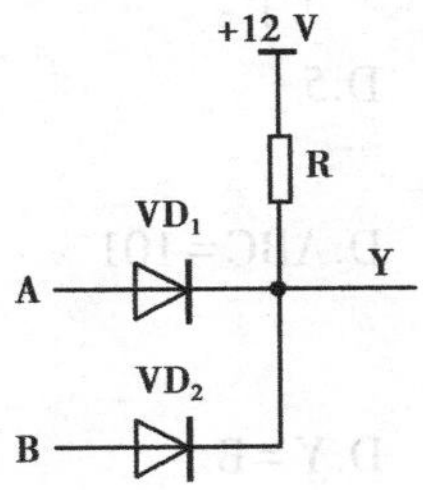

A.

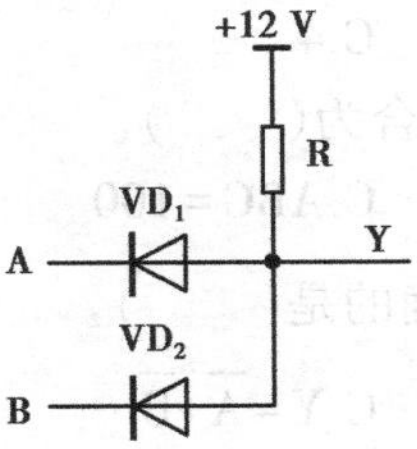

B.

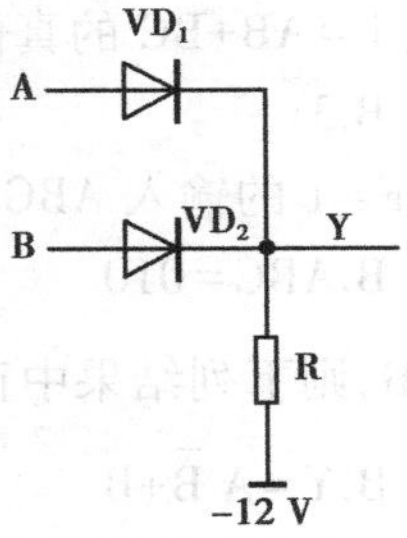

C.

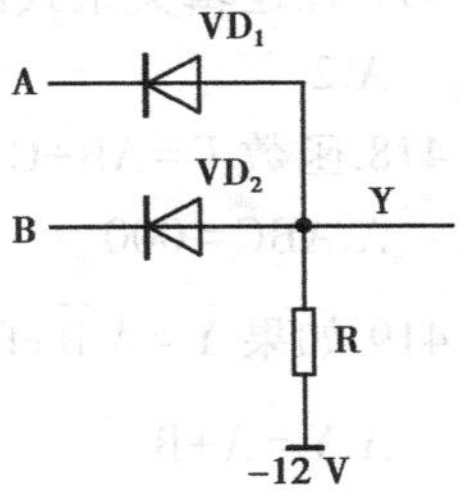

D.

403.将二极管与门和反相器连接起来,可以构成(　　)。

A.与门　　B.或门　　C.非门　　D.与非门

404.TTL 集成逻辑门是以(　　)为基础的集成电路。

A.二极管　　B.MOS 管　　C.三极管　　D.CMOS 管

405.输出只与当前的输入信号有关,与电路原来状态无关的电路,属于(　　)。

A.组合逻辑电路　　B.时序逻辑电路

C.模拟电路　　D.数字电路

406.一个触发器可记录 1 位二进制代码,它有(　　)个稳态。

A.0　　B.1　　C.2　　D.4

407.用不同的数制来表示 2018,位数最少的是(　　)。

A.二进制　　B.八进制　　C.十进制　　D.十六进制

408.8421BCD 码 0110 表示十进制为(　　)。

A.8　　B.6　　C.42　　D.9

409.下列逻辑函数关系式中不等于 A 的是(　　)。

A.A+1　　B.A+A　　C.A+AB　　D.A(A+B)

410.逻辑表达式 Y=A+B 表示的逻辑关系是(　　)。

A.与　　B.与非　　C.或　　D.或非

411.实现"相同出 1,不同出 0"的逻辑关系是(　　)。

A.与逻辑　　B.或逻辑　　C.与非逻辑　　D.同或逻辑

412."相同为 0,不同为 1"的逻辑关系是(　　)。

A.或逻辑　　B.与逻辑　　C.异或逻辑　　D.同或逻辑

413.已知异或门的输出状态为 1,则它的 A、B 两端入端的状态一定是(　　)。

A.1,1　　B.0,0　　C.1,0　　D.相同

414.两输入 TTL 与非门电路的输入信号为 A、B,逻辑输出 Y 表达式是(　　)。

A.$\overline{A+B}$　　B.$Y=\overline{AB}$　　C.$Y=1$　　D.$Y=0$

415.一只三输入端或非门,使其输出为 1 的输入变量取值组合有(　　)种。

A.9　　B.8　　C.7　　D.1

416.逻辑关系式 $A\oplus 1=$(　　)。

A.A　　B.1　　C.$\overline{A}$　　D.0

417.在逻辑关系式函数 $F=AB+BC$ 的真值表中,$F=1$ 的状态有(　　)个。

A.2　　B.3　　C.4　　D.5

418.函数 $F=AB+C$,使 $F=1$ 的输入 ABC 组合为(　　)。

A.ABC=000　　B.ABC=010　　C.ABC=100　　D.ABC=101

419.如果 $Y=A\overline{B}+B+\overline{A}B$,则下列结果中正确的是(　　)。

A.$Y=A+B$　　B.$Y=A\overline{B}+B$　　C.$Y=\overline{A}+\overline{B}$　　D.$Y=B$

420.真值表如下图所示,则逻辑函数的表达式为(　　)。

A	B	C	Y
0	0	0	0
0	0	1	0
0	1	0	0
0	1	1	1
1	0	0	0
1	0	1	1
1	1	0	1
1	1	1	1

A.$Y=\overline{ABC}+\overline{A}BC+A\overline{B}C+ABC$　　B.$Y=\overline{AB}C+\overline{A}B\overline{C}+\overline{A}BC+ABC$

C.$Y=\overline{A}BC+A\overline{B}C+AB\overline{C}+ABC$　　D.$Y=\overline{A}B\overline{C}+\overline{A}BC+A\overline{B}C+AB\overline{C}$

421.逻辑电路如图所示,其函数表达式为(　　)。

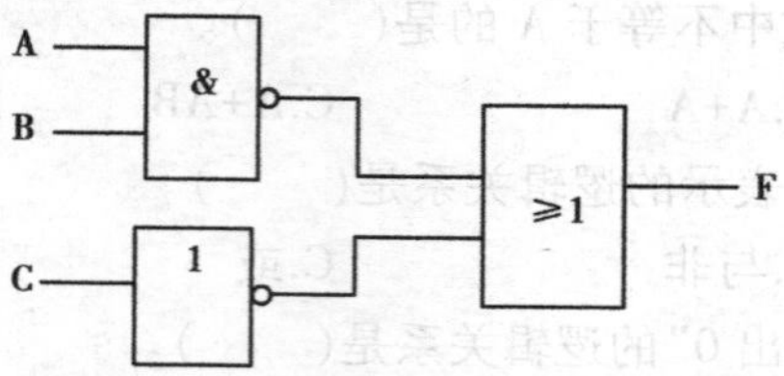

A.$F=\overline{AB}+\overline{C}$　　B.$F=\overline{AB}+C$　　C.$F=\overline{AB+C}$　　D.$F=A+\overline{BC}$

422.与逻辑函数式 $Y=AB+\overline{AC}+BC$ 相等的表达式为(　　)。

A.AB+C　　B.$AB+\overline{AC}$　　C.A+BC　　D.ABC

423.触发器和门电路(　　)。

A.二者都是时序逻辑电路 B.二者都无记忆功能
C.前者是时序逻辑电路 D.二者都有记忆功能

424.下列数字集成电路属于组合逻辑电路的是(　　)。
A.编码器 B.触发器 C.寄存器 D.计数器

425.进行组合电路设计的主要目的是获得(　　)。
A.逻辑电路图 B.电路的逻辑功能
C.电路的真值表 D.电路的逻辑表达式

426.位寄存器至少需要由(　　)个触发器构成。
A.2 B.3 C.4 D.8

427.目前,(　　)触发器应用非常广泛,常用来转换成其他逻辑功能的触发器。
A.RS 和 D B.RS 和 T C.JK 和 D D.RS 和 T

428.下列说法中,正确的是(　　)。
A.555 定时器在工作时清零端应接高电平
B.555 定时器在工作时清零端应接低电平
C.555 定时器没有清零端
D.555 定时器在工作时清零端应接地

429.用 M 型万用表测量普通小功率二极管性能好坏时,应把万用表拨到欧姆挡的(　　)挡。
A.R×1 B.R×10 C.R×10k D.R×100 或 R×1

430.用万用表测二极管,正、反方向电阻都很大,说明(　　)。
A.管子正常 B.管子短路 C.管子断路 D.都不是

431.使用稳压管时应(　　)。
A.阳极接正,阴极接负 B.阳极接负,阴极接正
C.任意连接 D.A 或 B

432.关于电阻器的代用原则,在电阻值相同情况下,下列说法错误的是(　　)。
A.大功率电阻代换小功率电阻 B.金属膜电阻代换碳膜电阻
C.碳膜电阻代换金属氧化膜电阻 D.固定电阻器代换半可调电阻器

433.关于电容器的选用,下列说法错误的是(　　)。
A.不同的电路应选用不同种类的电容 B.耐压的选择
C.温度的选择 D.允许误差的选择

434.用万用表欧姆挡测量电阻时,所选择的倍率挡应使指针处于表盘的(　　)。
A.起始段 B.中间段 C.末段 D.任意段

435.指针式万用表欧姆挡的红表笔与(　　)相连。
A.内部电池的正极 B.内部电池的负极
C.表头的正极 D.黑表笔

436.下列测量中,属于间接测量的是(　　)。
A.用万用表欧姆挡测量电阻 B.用电压表测量已知电阻两端电压
C.用逻辑笔测量信号的逻辑状态 D.用电子计数器测量信号周期

437.数字式万用表转换开关置于“欧姆”量程时,(　　)。

A.红表笔带正电,黑表笔带负电　　B.红表笔带负电,黑表笔带正电

C.红表笔和黑表笔都带正电　　D.红表笔和黑表笔带都负电

438.用万用表的电阻挡(R×100 Ω)对电感器进行测试,属于电感线圈断路的测试显示是(　　)。

A.∞　　B.1 500 Ω　　C.0 Ω　　D.1 000 Ω

439.以 CH1 通道为例,被测信号是一个含有直流偏置的正弦信号,若被测信号的直流分量被阻隔,CH1 通道的耦合方式应该选为(　　)。

A.交流　　B.直流　　C.接地　　D.不耦合

440.在调校示波器探头出现欠补偿时,示波器上显示的波形如图(　　)所示。

A.

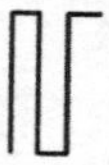
B.

C.

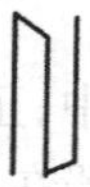
D.

441.当示波器开启数字滤波器后,下图为高通滤波的是(　　)。

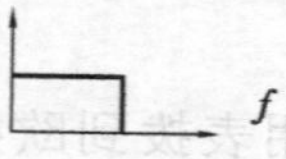

A.

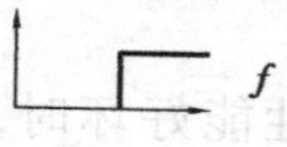

B.

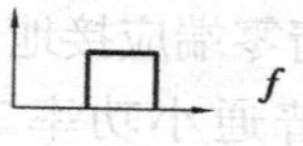

C.

D.

442.并联型直流稳压电路中,稳压管与负载(　　)。

A.串联　　B.并联　　C.混联　　D.串联或并联都行

443.全桥整流电路由(　　)个整流二极管组成。

A.1　　B.2　　C.3　　D.4

444.单相半波整流电路由(　　)个整流二极管组成。

A.1　　B.2　　C.3　　D.4

445.色环电阻的颜色为红、黄、棕、金,其表示参数为(　　)。

A.2.4 Ω,5%　　B.250 Ω,5%　　C.240 Ω,5%　　D.240 Ω,10%

446.某稳压二极管,其管体上标有“5V6”字样,则该字样表示(　　)。

A.该稳压管稳压值为 5.6 V　　B.该稳压管稳压值为 56 V

C.该稳压管稳压值为 1 V　　D.该稳压管稳压值为 1 V

447.型号为 1N1007 的二极管,其管体一端有一白色色环,该白色色环表示(　　)。

A.二极管阳极　　B.二极管

C.二极管阴极　　D.无任何意义

448.电压表的内阻(　　)。

A.越小越好　　B.较大为好　　C.适中为好　　D.无关

449.电压表使用时要与被测电路(　　)。

A.串联　　B.并联　　C.混联　　D.短路

450.使用直流电压表时,除了使电压表与被测电路并联外,还应使电压表的“+”极与被测电路的(　　)相连。

A.高电位端　B.低电位端　C.中间电位端　D.零电位端

451.测量交流电路的大电流常用(　　)与电流表配合使用。

A.电流互感器　B.电压互感器　C.万用表　D.电压表

452.电流表要与被测电路(　　)。

A.断开　B.并联　C.串联　D.混联

453.安装在电力配电板上的电流表是(　　)。

A.万用表　B.钳形电流表　C.交流电流表　D.兆欧表

454.下列测量方法中,属于间接测量的是(　　)。

A.电流表测电流　B.电压表测电压

C.用电桥测电阻　D.伏安法测电阻

455.关于交流电压表的使用,下列说法错误的是(　　)。

A.测量时应串联在被测电路中

B.使用时应注意其正负极不得反接

C.指示值为被测电压的有效值

D.用万用表的交流电压挡可代替交流电压表

456.使用兆欧表测量前要将被测设备充分(　　)。

A.充电　B.放电　C.短路　D.拆线

457.测量电动机的三相绕组之间及绕组对外壳的绝缘电阻用(　　)。

A.万用表　B.直流惠斯顿电桥

C.绝缘电阻表　D.接地电阻测试仪

458.用绝缘电阻表测量电饭煲的绝缘电阻值,测得L极与外壳的绝缘电阻值是0.4 MΩ,则该电器(　　)。

A.短路　B.正常　C.潮湿　D.绝缘损坏

459.选择仪表的准确度时,要求(　　)。

A.越高越好　B.越低越好　C.无所谓　D.根据测量的需要选择

460.用绝缘电阻表测量单相电动机的绝缘电阻值,测得L极与外壳的绝缘电阻值是10 MΩ,则该电器(　　)。

A.短路　B.正常　C.潮湿　D.绝缘损坏

461.选择兆欧表的原则是(　　)。

A.兆欧表额定电压要小于被测设备工作电压

B.一般都选择1 000 V的兆欧表

C.选用准确度高、灵敏度高的兆欧表

D.兆欧表的电压等级应高于被测物的绝缘电压等级

462.测量1 Ω以下小电阻,如果要求精度高,应选用(　　)。

A.双臂电桥　B.单臂电桥

C.万用表R× Ω挡　D.毫伏表及电流表

463.钳形电流表的主要优点是(　　)。

A.准确度高　B.灵敏度高

C.功率损耗小　　　　　　　　　　　　D.不必切断电路即可测量电流

464.用钳形电流表测量某正常运转的三相异步电动机的三相电流，当某同学用钳形电流表钳口夹住U相导线时，读数是15 A，则该读数属于(　　)。

A.U和V二相电流之和　　　　　　　　B.U和V二相电流之差

C.U相的电流　　　　　　　　　　　　D.N线的电流

465.某同学用钳形电流表测量某白炽灯的工作电流，为了准确测量，他将零线在钳口上缠绕10匝，测量的读数是5.6 A，则该白炽灯的实际工作电流是(　　)。

A.5.6 A　　　B.0.56 A　　　C.56 A　　　D.28 A

466.某单相照明电路相线中的电流为6 A，用钳形电流表测量电流时，将相线和零线同时放在钳形电流表的钳口内，则钳形电流表的读数为(　　)。

A.6 A　　　B.12 A　　　C.0 A　　　D.3 A

467.测量电动机的三相电流大小用(　　)。

A.万用表　　　B.钳形电流表　　　C.交流电压表　　　D.兆欧表

468.电能表可用来直接测量(　　)。

A.电器两端的电压　　　　　　　　　B.电器消耗电能的时间

C.电路中电流的强弱　　　　　　　　D.电器消耗的电能

469.灯泡上标有"220 V,40 W"的字样，其意义是(　　)。

A.接在220 V以下的电源上，其功率是40 W

B.接在220 V电源上，其功率是40 W

C.接在220 V以上的电源上，其功率是40 W

D.接在40 V电源上，其功率是220 W

470.照明灯具的螺口灯头接电时(　　)。

A.相线应接在中心触点端上　　　　　B.零线应接在中心触点端上

C.都接在螺纹端上　　　　　　　　　D.可任意接

471.下列现象中，①开关中的两个接线头相碰；②插座中的两个接线头相碰；③电路中增加了大功率的用电器；④灯丝烧断，可能引起家中熔丝熔断的是(　　)。

A.①②　　　B.②③　　　C.③④　　　D.④①

472.在一开一灯的照明线路中，易造成熔断器熔丝熔断的原因是(　　)。

A.开关短接　　　　　　　　　　　　B.线路断路

C.灯座的两接线柱被短接　　　　　　D.开关断路

473.造成荧光灯闪烁故障的原因可能是(　　)。

A.镇流器断路　　　B.电压过高　　　C.启辉器损坏　　　D.镇流器短路

474.白炽灯内部的灯丝断开后，应(　　)。

A.将灯丝小心搭上后继续使用　　　　B.更换同型号的灯泡

C.更换灯头座　　　　　　　　　　　D.无法判断

475.开关应接在电源的(　　)上。

A.相线　　　B.零线　　　C.随便哪根都可以　　　D.无法判断

476.荧光灯电路中的启辉器在日光灯(　　)工作。

A.启动时　　B.启动后　　C.电路开路时　　D.无法判断

477.电感式镇流器是一个(　　)。

A.线圈　　B.电容器　　C.铸铁　　D.无法判断

478.开关合上后熔断器熔丝熔断,不可能的原因是(　　)。

A.灯座内两线头短路

B.螺口灯座内中心铜片与螺旋铜圈相碰短路

C.线路发生断路

D.无法判断

479.某用户跟维修电工反映家里的电器都不能工作,维修电工到该用户家用验电笔检查发现,检测到火线和零线时验电笔都是亮的。则电路的故障是(　　)。

A.漏电　　B.进户 L、N 线短路

C.进户 L 线断路　　D.进户 N 线断路

480.某用户跟维修电工反映家里的电器都不能工作,维修电工到该用户家用验电笔检查发现,检测到火线时验电笔都是不亮的。则电路的故障是(　　)。

A.漏电　　B.进户 L、N 线短路

C.进户 L 线断路　　D.进户 N 线断路

481.某用户跟维修电工反映厨房里的灯时亮时不亮,则电路的故障可能是(　　)。

A.漏电　　B.灯的开关接触不良

C.进户 L 线断路　　D.进户 N 线断路

482.打开荧光灯开关,灯管两头发红但不发光,产生故障的原因不可能是(　　)。

A.启辉器内电容击穿或氖泡内动、静触片粘连

B.电源电压太低或线路压降太大

C.电路断路

D.灯管老化

483.打开荧光灯开关,灯管不发光,但启辉器工作,产生故障的原因不可能是(　　)。

A.启辉器内电容击穿或氖泡内动、静触片粘连

B.电源电压太低或线路压降太大

C.气温太低

D.灯管老化

484.单相电度表的进火线应接在电度表的第(　　)接线柱上。

A.1　　B.2　　C.3　　D.4

485.直接式三相四线电度表的 3 根进火线接在电度表的第(　　)接线柱上。

A.1,3,5　　B.1,4,7　　C.2,5,8　　D.3,6,9

486.照明配电箱(盘)安装应符合规定,下列说法错误的是(　　)。

A.位置正确,部件齐全,箱体开孔与导管管径适配

B.暗装配电箱箱盖紧贴墙面,箱(盘)涂层完整

C.箱(盘)内接线整齐,回路编号齐全,标识正确

D.箱(盘)可采用木材料制作

487.照明配电箱(盘)安装配线应符合规定,其中错误的是(　　)。

A.箱(盘)内配线整齐,无铰接现象

B.导线连接紧密,不伤芯线、不断股

C.垫圈下螺丝两侧压的导线截面积相同,同一端子上导线连接不多于2根,防松垫圈等零件应齐全

D.零线和保护地线经汇流排不用标识,任意确定

488.低压电器一般是指交流额定电压(　　)及以下的电器。

A.36 V　　B.220 V　　C.380 V　　D.1 200 V

489.行程开关属于(　　)电器。

A.主令　　B.开关　　C.保护　　D.控制

490.低压断路器的热脱扣器的作用是(　　)。

A.短路保护　　B.过载保护　　C.漏电保护　　D.缺相保护

491.电气原理图中,QS代表(　　)电气元件。

A.组合开关　　B.熔断器　　C.接触器　　D.速度继电器

492.电气原理图中,FU代表(　　)电气元件。

A.组合开关　　B.熔断器　　C.接触器　　D.速度继电器

493.电气原理图中,KM代表(　　)电气元件。

A.组合开关　　B.熔断器　　C.接触器　　D.速度继电器

494.电气原理图中,KS代表(　　)电气元件。

A.组合开关　　B.熔断器　　C.接触器　　D.速度继电器

495.电气原理图中,SQ代表(　　)电气元件。

A.行程开关　　B.组合开关　　C.熔断器　　D.接触器

496.下列元件中,继电器有(　　)。

A.时间继电器　　B.接触器　　C.行程开关　　D.组合开关

497.行程开关属于(　　)。

A.接触型开关　　B.非接触型开关　　C.保护电器　　D.组合开关

498.万能转换开关是(　　)。

A.自动控制电器　　B.手动控制电器

C.既可手动,又可自动的电器　　D.单回路控制

499.电磁机构中衔铁可靠地被吸住的条件是(　　)。

A.电磁吸力大于弹簧反力　　B.电磁吸力等于弹簧反力

C.电磁吸力小于弹簧反力　　D.都不是

500.动力回路的熔丝容量原则上不应超过负荷电流的(　　)倍。

A.2.5　　B.3　　C.3.5　　D.4

501.熔断器的作用是(　　)。

A.控制行程　B.控制速度　C.短路或严重过载　D.弱磁保护

502.下列电器中，不能实现短路保护的是(　　)。

A.熔断器　B.热继电器　C.过电流继电器　D.空气开关

503.用熔断器保护一台 20 kW 的三相异步电动机时，应选用(　　)A 的熔体。

A.40　B.80　C.150　D.200

504.低压断路器的型号为 DZ10-100，其额定电流是(　　)。

A.10 A　B.100 A　C.10~100 A　D.大于 100 A

505.下列元件中，主令电器有(　　)。

A.按钮　B.熔断器　C.热继电器　D.速度继电器

506.交流接触器的型号为 CJ0-40，其额定电流是(　　)。

A.10 A　B.40 A　C.10~40 A　D.大于 40 A

507.交流接触器的作用是(　　)。

A.频繁通断主回路　B.频繁通断控制回路

C.保护主回路　D.保护控制回路

508.下列选项中，不属于接触器组成部分的是(　　)。

A.电磁机构　B.触点系统　C.灭弧装置　D.脱扣机构

509.接触器的额定电流是指(　　)。

A.线圈的额定电流　B.主触头的额定电流

C.辅助触头的额定电流　D.以上三者之和

510.交流接触器的衔铁被卡住不能吸合会造成(　　)。

A.线圈端电压增大　B.线圈阻抗增大

C.线圈电流增大　D.线圈电流减小

511.接触器与继电器的触点可以互换的决定条件是(　　)。

A.额定电压相同　B.额定电流相同

C.触点数量相同　D.以上三者相同

512.交流接触器不释放，原因可能是(　　)。

A.线圈断电　B.触点黏结

C.复位弹簧拉长，失去弹性　D.衔铁失去磁性

513.选用交流接触器应全面考虑(　　)的要求。

A.额定电流、额定电压、吸引线圈电压、辅助接点数量

B.额定电流、额定电压、吸引线圈电压

C.额定电流、额定电压、辅助接点数量

D.额定电压、吸引线圈电压、辅助接点数量

514.时间继电器的作用是(　　)。

A.短路保护　B.过电流保护

C.延时通断主回路　D.延时通断控制回路

515.若将空气阻尼式时间继电器由通电延时型改为断电延时型，则需将(　　)。

A.延时触头反转180° B.电磁系统反转180°

C.电磁线圈两端反接 D.活塞反转180°

516.通电延时时间继电器的线圈图形符号为( )。

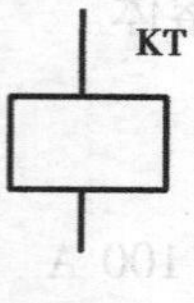

A.

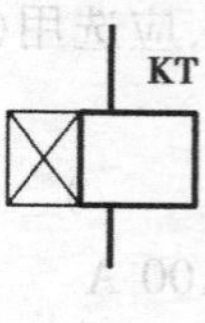

B.

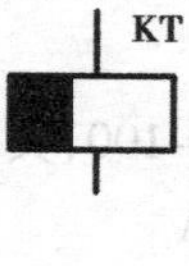

C.

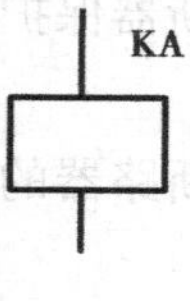

D.

517.通电延时断开常闭触点的图形符号是( )。

A.

B.

C.

D.

518.通电延时时间继电器,它的延时触点动作情况是( )。

A.线圈通电时触点延时动作,断电时触点瞬时动作

B.线圈通电时触点瞬时动作,断电时触点延时动作

C.线圈通电时触点不动作,断电时触点瞬时动作

D.线圈通电时触点不动作,断电时触点延时动作

519.断电延时时间继电器,它的延时触点动作情况是( )。

A.线圈通电时触点延时动作,断电时触点瞬时动作

B.线圈通电时触点瞬时动作,断电时触点延时动作

C.线圈通电时触点不动作,断电时触点瞬时动作

D.线圈通电时触点不动作,断电时触点延时动作

520.断电延时型时间继电器,它的延时动合触点是( )。

A.延时闭合的动合触点 B.瞬动动合触点

C.瞬动闭合延时断开的动合触点 D.延时闭合瞬时断开的动合触点

521.在延时精度要求不高,电源电压波动较大的场合,应选用( )。

A.空气阻尼式时间继电器 B.晶体管式时间继电器

C.电动式时间继电器 D.电磁式时间继电器

522.时间继电器的结构组成中不含( )。

A.电磁系统 B.延时机构 C.工作触头 D.电流线圈

523.热继电器中双金属片的弯曲是双金屈片( )引起的。

A.温度效应不同 B.强度不同

C.膨胀系数不同 D.所受压力不同

524.热继电器用作电动机的过载保护,适用于( )。

A.重载间断工作的电动机 B.频繁启动与停止的电动机

C.连续工作的电动机　　D.任何工作制的电动机

525.原则上热继电器的额定电流按(　)。

A.电机的额定电流选择　　B.主电路的电流选择

C.控制电路的电流选择　　D.电热元件的电流选择

526.三相笼式异步电动机采用热继电器作为过载保护时,热元件的整定电流通常为电动机额定电流的(　)。

A.0.95~1.05 倍　　B.1.5~2.5 倍　　C.1~1.5 倍　　D.无法确定

527.电压继电器线圈与电流继电器线圈相比,具有的特点是(　　)。

A.电压继电器线圈与被测线路串联

B.电压继电器线圈的匝数多,导线细,电阻大

C.电压继电器线圈的匝数少,导线粗,电阻小

D.电压继电器线圈的匝数少,导线粗,电阻大

528.变压器是通过(　)磁通进行能量传递的。

A.主　　B.原边漏　　C.副边漏　　D.原、副边漏

529.在降压变压器中,和原边绕组匝数相比,副边绕组匝数(　)。

A.更多　　B.更少　　C.与原边绕组相同　　D.随型号而变

530.小型变压器按相数分类,下列错误的是(　)。

A.单相变压器　　B.三相变压器　　C.多相变压器　　D.多绕组变压器

531.一台变压器型号为 S7-500/10,其中 500 代表(　　)。

A.额定容量 500 kV · A　　B.额定电流 500 A

C.额定电压 500 V　　D.无意义

432.交流异步电动机按电源相数可分为(　)。

A.单相和多相　　B.单相和三相

C.单相和二相　　D.单相、三相和多相

533.异步电动机转子根据其绕组结构不同,可分为(　　)两种。

A.普通型和封闭型　　B.笼型和绕线型

C.普通型和半封闭型　　D.普通型和特殊型

534.异步电动机是由(　　)两部分组成的。

A.定子和转子　　B.铁芯和绕组

C.转轴和机座　　D.硅钢片与导线

535.三相异步电动机额定功率是指其在额定工作状况下运行时,异步电动机(　)。

A.输入定子三相绕组的视在功率　　B.输入定子三相绕组的有功功率

C.从轴上输出的机械功率　　D.输入转子三相绕组的视在功率

536.异步电动机的工作方式分为(　)3 种。

A.连续、短时和断续周期　　B.连续、短时和长周期

C.连续、短时和短周期　　D.长周期、中周期和短周

537.三相异步电动机额定电压是指其在额定工作状况下运行时,输入电动机定子三相绕组的(　　)。

A.相电压　B.电压有效值　C.电压平均值　D.线电压

538.三相异步电动机额定电流是指其在额定工作状态下运行时，输入电动机定子三相绕组的(　　)。

A.相电流　B.电流有效值　C.电流平均值　D.线电流

539.一台三相异步电动机的额定电压为380/220 V，接法为Y/△，其绕组额定电压为(　　)。

A.220 V　B.380 V　C.400 V　D.110 V

540.三相异步电动机旋转磁场的转向是由(　　)决定的。

A.频率　B.极数　C.电压大小　D.电源相序

541.对称三相绕组的空间位置应彼此相差(　　)。

A.60°　B.120°　C.180°　D.360°

542.三相异步电动机的转速取决于极对数 p、转差率 s 和(　　)。

A.电源频率　B.电源相序　C.电源电流　D.电源电压

543.一台二极三相异步电动机，定子为24槽，则每极每相槽数为(　　)。

A.4　B.2　C.6　D.8

544.一台磁极对数为4的三相异步电动机的旋转磁场转速为(　　)r/min。

A.1 500　B.1 000　C.750　D.500

545.异步电动机在正常旋转时，其转速为(　　)。

A.低于同步转速　B.高于同步转速

C.等于同步转速　D.和同步转速没有关系

546.三相异步电动机的启动分直接启动和(　　)启动两类。

A.Y/△　B.串变阻器　C.降压　D.变极

547.三相笼型电动机全压启动的启动电流一般为额定电流的(　　)倍。

A.1~3　B.4~7　C.8~10　D.11~15

548.三相电动机采用自耦变压器减压启动器以80%的抽头减压启动时，电动机的启动电流是额定电流的(　　)%。

A.36　B.64　C.70　D.80

549.三相异步电动机Y/△启动是(　　)启动的一种方式。

A.直接　B.降压　C.变速　D.变频

550.交流异步电动机Y/△启动适用于(　　)联结运行的电动机。

A.三角形　B.星形　C.V形　D.星形或三角形

551.绕线转子异步电动机转子绕组串电阻启动适用于(　　)。

A.笼型转子　B.绕线转子异步电动机

C.转子或绕线转子异步电动机　D.串励直流电动机

552.绕线转子异步电动机转子绕组串电阻启动具有(　　)性能。

A.减小启动电流、增加启动转矩　B.减小启动电流、减小启动转矩

C.减小启动电流、启动转矩不变　D.增加启动电流、增加启动转矩

553.交流异步电动机的调整方法有变极、变频和(　　)3种。

A.变功率　B.变电流　C.变转差率　D.变转矩

554.改变转子电路的电阻进行调速,此法只适用于(　　)异步电动机。

A.笼型转子　B.绕线转子　C.三相　D.单相

555.线转子异步电动机转子串电阻调速,则(　　)。

A.电阻变大,转速变低　B.电阻变大,转速变高

C.电阻变小,转速不变　D.电阻变小,转速变低

556.绕线转子异步电动机转子串电阻调速,是(　　)。

A.改变转差调整　B.变极调整

C.变频调整　D.改变电压调整

557.所谓制动运行,是指电动机的(　　)的运行状态。

A.电磁转矩作用的方向与转子转向相反

B.电磁转矩作用的方向与转子转向相同

C.负载转矩作用的方向与转子转向相反

D.负载转矩作用的方向与转子转向相同

558.异步电动机的电气制动方法有反接制动、回馈制动和(　　)制动。

A.降压　B.串电阻　C.力矩　D.能耗

559.异步电动机的故障一般分为电气故障与(　　)。

A.零件故障　B.机械故障　C.化学故障　D.工艺故障

560.所谓温升,是指电动机(　　)的差值。

A.运行温度与环境温度　B.运行温度与零度

C.发热温度与零度　D.外壳温度与零度

561.电动机的电源反接制动控制线路中,反相电源的切除不能按(　　)原则进行。

A.温度　B.转速　C.时间　D.电流

562.三相异步电机采用能耗制动,当切断电源时,将(　　)。

A.转子回路串入电阻　B.定子任意两相绕组进行反接

C.转子绕组进行反接　D.定子绕组送入直流电

563.三相感应电动机启动时,启动电流很大,可达额定电流的(　　)。

A.4~7 倍　B.2~2.5 倍　C.10~20 倍　D.5~6 倍

564.在环境十分潮湿的场合应采用(　　)电动机。

A.开启式　B.防护式　C.封闭式　D.防爆式

565.一台三相异步电动机,其铭牌上标明额定电压为 220/380 V,其接法应是(　　)。

A.Y/△　B.△/Y　C.△/△　D.Y/Y

566.交流异步电动机的调速方法有变极、变转差率和(　　)3 种方法。

A.降压　B.变压　C.变频　D.变转矩

567.三相异步电动机的拆卸有如下几步:①拆卸皮带轮或联轴器;②拆卸风罩和风扇叶;③拆卸轴承盖和端盖;④抽出转子;⑤拆卸轴承。其操作步骤是(　　)。

A.①②③④⑤　B.②①③④⑤　C.③①②④⑤　D.②③④⑤①

568.装配电动机时,端盖螺栓(　　)。

A.依次拧紧　B.按对角线拧紧　C.只要拧紧即可　D.按顺时针拧紧

569.轴承的装配方法错误的是(　　)。

A.冷套法　　B.热套法　　C.拉具法　　D.铜棒均匀敲击法

570.下列选项中,不能从三相异步电动机的铭牌读取的是(　　)。

A.额定电压、额定电流、额定功率　　B.额定转速、绝缘等级、额定频率

C.功率因数、型号、铁芯长度　　D.功率因数、接法、工作方式

571.在控制电路中,如果两个常开触点串联,则它们是(　　)。

A.与逻辑关系　　B.或逻辑关系　　C.非逻辑关系　　D.与非逻辑关系

572.在机床电气控制电路中采用两地分别控制方式,其控制按钮连接的规律是(　　)。

A.全为串联　　B.全为并联

C.启动按钮并联,停止按钮串联　　D.启动按钮串联,停止按钮并联

573.三相异步电动机反接制动的优点是(　　)。

A.制动平稳　　B.能耗较小　　C.制动迅速　　D.定位准确

574.三相异步电动机在运行时出现一相电源断电,对电动机带来的影响主要是(　　)。

A.电动机立即停转　　B.异声及温度升高

C.没影响　　D.电动机反转

575.欲使接触器 KM1 动作后接触器 KM2 才能动作,需要(　　)。

A.在 KM1 的线圈回路中串入 KM2 的常开触点

B.在 KM1 的线圈回路中串入 KM2 的常闭触点

C.在 KM1 的线圈回路中串入 KM1 的常开触点

D.在 KM2 的线圈回路中串入 KM1 的常闭触点

576.三相笼型电动机采用星三角降压启动,使用于正常工作时(　　)接法的电动机。

A.三角形　　B.星形　　C.两个都行　　D.两个都不行

577.对于三相异步电动机,既不增加启动设备,又能适当增加启动转矩的一种降压启动方法是(　　)。

A.定子串电阻降压启动　　B.定子串自耦变压器降压启动

B.Y/△降压启动　　D.延边三角形降压启动

578.电动机正反转运行中的两接触器必须实现相互间(　　)。

A.联锁　　B.自锁　　C.禁止　　D.记忆

579.三相笼型电动机采用自耦变压器降压启动,使用于正常工作时(　　)接法的电动机。

A.三角形　　B.星形　　C.两种都行　　D.两种都不行

580.星形-三角形减压电路中,星形接法启动电压为三角形接法启动电压的(　　)。

A.$1/\sqrt{3}$　　B.$1/\sqrt{2}$　　C.1/3　　D.1/2

581.星形-三角形减压电路中,星形接法启动电流为三角形接法启动电流的(　　)。

A.$1/\sqrt{3}$　　B.$1/\sqrt{2}$　　C.1/3　　D.1/2

582.甲乙两个接触器,若要求甲工作后才允许乙接触器工作,则应(　　)。

A.在乙接触器的线圈电路中串入甲接触器的动合触点

B.在乙接触器的线圈电路中串入甲接触器的动断触点

C.在甲接触器的线圈电路中串入乙接触器的动断触点

D.在甲接触器的线圈电路中串入乙接触器的动合触点

583.改变交流电动机的运转方向,调整电源采取的方法是(　　)。

A.调整其中两相的相序　　B.调整三相的相序

C.定子串电阻　　D.转子串电阻

584.50 kW 以上的笼型电机,启动时应采取(　　)。

A.全压启动　　B.降压启动

C.刀开关直接启动　　D.接触器直接启动

585.异步电动机 3 种基本调速方法中,不含(　　)。

A.变极调速　　B.变频调速

C.变转差率调速　　D.变电流调速

586.欲使接触器 KM1 断电后接触器 KM2 才能断电,需要(　　)。

A.在 KM1 的停止按钮两端并联 KM2 的常开触点

B.在 KM1 的停止按钮两端并联 KM2 的常闭触点

C.在 KM2 的停止按钮两端并联 KM1 的常开触点

D.在 KM2 的停止按钮两端并联 KM1 的常闭触点

587.欲使接触器 KM1 和接触器 KM 实现互锁控制,需要(　　)。

A.在 KM1 的线圈回路中串入 KM 的常开触点

B.在 KM1 的线圈回路中串入 KM 的常闭触点

C.在两接触器的线圈回路中互相串入对方的常开触点

D.在两接触器的线圈回路中互相串入对方的常闭触点

588.电压等级相同的两个电压继电器在线路中(　　)。

A.可以直接并联　　B.不可以直接并联

C.不能同时在一个线路中　　D.只能串联

589.电动机控制线路中,与启动按钮并联的常开触点的作用是(　　)。

A.欠压保护　　B.启动保护　　C.过流保护　　D.自锁

590.三相异步电动机要想实现正反转,则需(　　)。

A.调整三线中的两线　　B.三线都调整

C.接成星形　　D.接成三角形

591.要想改变三相交流异步电动机的旋转方向,只要将原相序 U— V—W 改接为(　　)。

A.V—W—U　　B.U—W—V　　C.W—U—V　　D.可以任意连接

592.为了实现直接由正转变成反转或由反转变为正转,且工作安全可靠,可采用(　　)的控制线路。

A.接触器联锁　　B.复合钮联锁　　C.双重联锁　　D.机械联锁

593.两个接触器控制电路的联锁保护一般采用(　　)。

A.串接对方控制电路的常开触头　　B.串接对方控制电器的常闭触头

C.串接自己的常开触头　　D.串接自己的常闭触头

594.甲乙两个接触器欲实现互锁控制,则应(　　)。

A.在甲接触器的线圈电路中串入乙接触器的动断触点

B.在两接触器的线圈电路中互串对方的动断触点

C.在两接触器的线圈电路中互串对方的动合触点

D.在乙接触器的线圈电路中串入甲接触器的动断触点

595.若接触器用按钮启动，且启动按钮两端并联接触器的常开触点，则电路具有(　　)。

A.零压保护功能　　　　B.短路保护功能

C.过载保护功能　　　　D.弱磁保护功能

596.异步电动机 Y/△降压启动控制线路中，Y 和△连接的接触器之间应设(　　)进行保护。

A.互锁触头　　B.瞬时触头　　C.延时触头　　D.常开触头

597.电气控制方法中，最基本的、应用最广的方法是(　　)。

A.继电接触器控制法　　　　B.计算机控制法

C.PLC 控制法　　　　D.单片机控制法

598.正反转控制线路中，若互锁触头失去互锁作用，最严重的情况是(　　)。

A.不能启动　　B.不能停车　　C.电源短路　　D.电源开路

599.在电动机多地点控制电路中，启动按钮/停止按钮的连接方式应选(　　)。

A.串联/串联　　B.并联/串联　　C.并联/并联　　D.串联/并联

600.下列控制线路能实现正常启动的是(　　)。

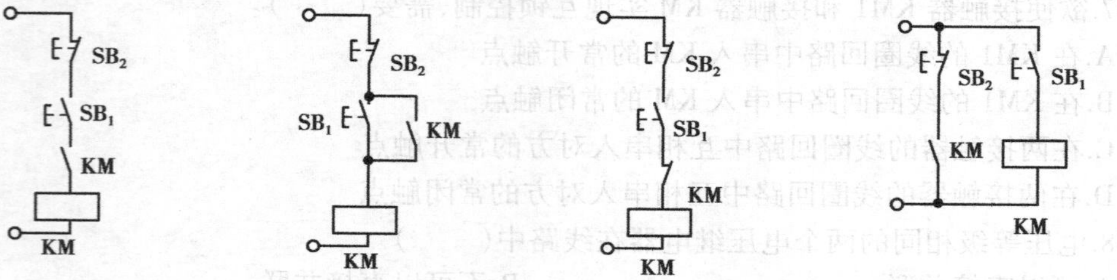

A.　　B.　　C.　　D.

601.下图中能完成连续控制和点动控制的是(　　)。

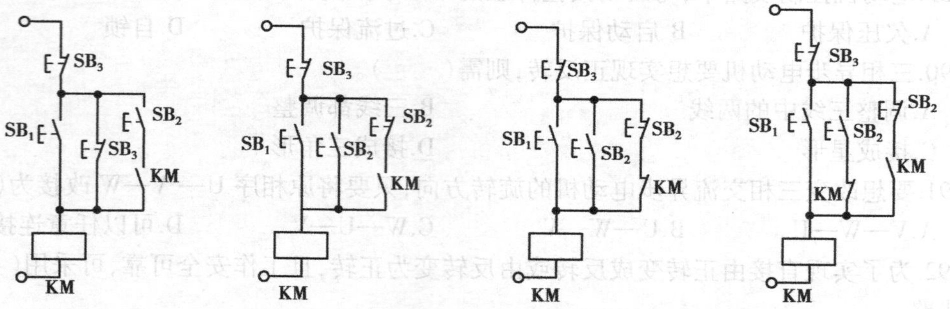

A.　　B.　　C.　　D.

602.下图中能完成点动控制的是(　　)。

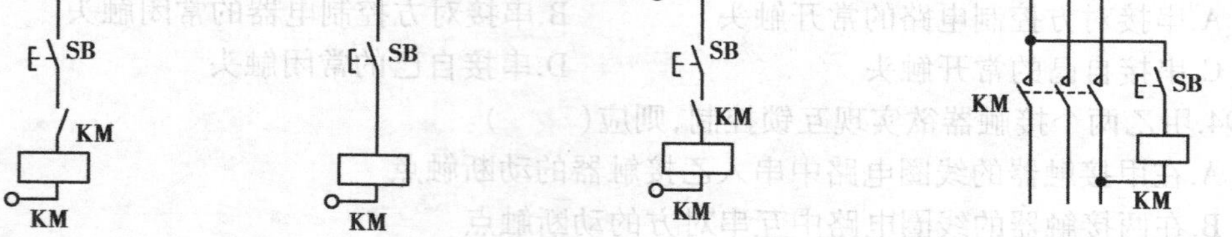

A.　　B.　　C.　　D.

603.下图中能实现自锁控制的线路是(　　)

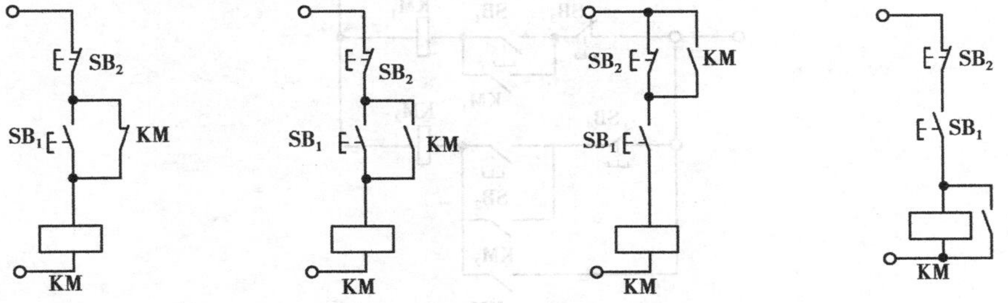

A.　　　　B.　　　　C.　　　　D.

604.下列选项中,主电路能实现正反转控制的是(　　)。

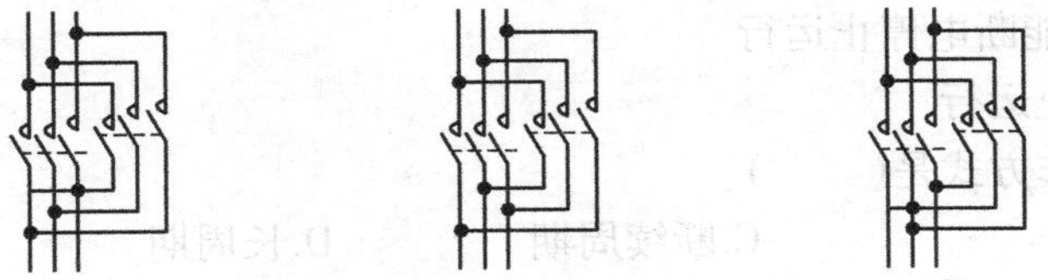

A.　　　　B.　　　　C.　　　　D.

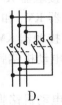

605.在电动机反转控制电路中,为实现电气互锁控制,必须将(　　)。

A.一个接触器的常闭辅助触头串联到另一个触器的线圈回路中

B.一个接触器的常开辅助触头串联到另一个触器的线圈回路中

C.一个接触器的常闭辅助触头并联到另一个触器的线圈回路中

D.一个接触器的常开辅助触头并联到另一个触器的线圈回路中

606.下图中的控制线路具有(　　)。

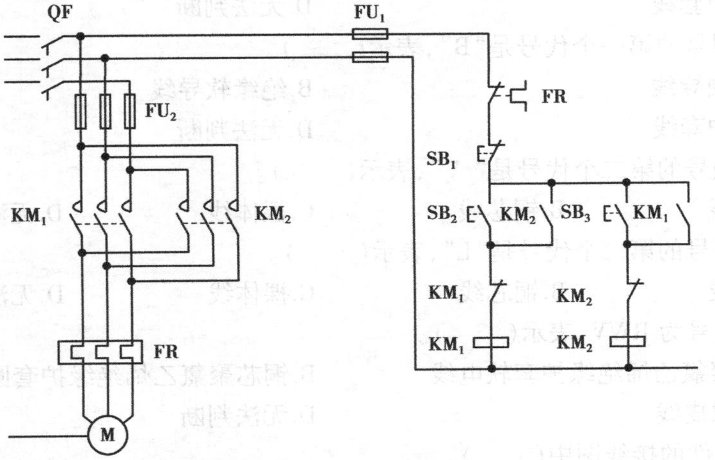

A.接触器联锁　　B.复合按钮联锁　　C.双重联锁　　D.都不是

607.在下图所示的电路中,SB 是按钮,KM 是接触器,KM_1 和 KM_2 均已通电动作,此时若按动 SB_4,则(　　)。

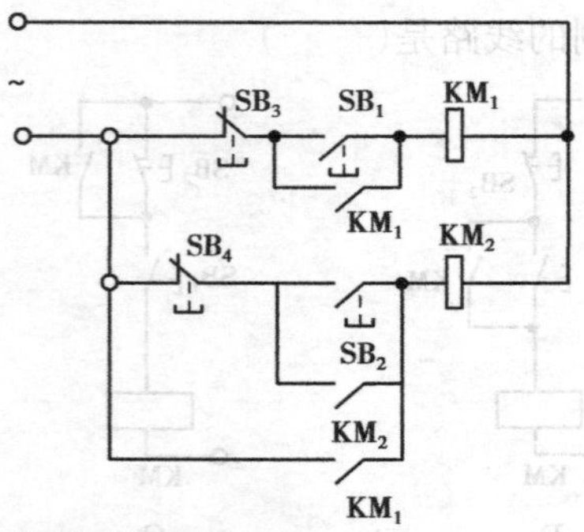

A.接触器 KM_1 和 KM_2 均断电停止运行
B.只有接触器 KM_2 断电停止运行
C.接触器 KM_1 和 KM_2 均不能断电停止运行
D.只有接触器 KM_1 断电停止运行

608.异步电动机铭牌 S1 的工作方式是(　　)。
A.连续　B.短时　C.断续周期　D.长周期

609.异步电动机铭牌 S2 的工作方式是(　　)。
A.连续　B.短时　C.断续周期　D.长周期

610.导线型号为 BVR 的含义是(　　)。
A.塑料绝缘铜芯软线　B.塑料绝缘铜芯硬线
C.塑料绝缘铝芯硬线　D.塑料绝缘铜芯电缆

611.导线型号的第一个代号是“R”,表示(　　)。
A.绝缘硬导线　B.绝缘软导线
C.绝缘护套线　D.无法判断

612.导线型号的第一个代号是“B”,表示(　　)。
A.绝缘硬导线　B.绝缘软导线
C.绝缘护套线　D.无法判断

613.导线型号的第二个代号是“ V”,表示(　　)。
A.铝芯线　B.铜芯线　C.裸体线　D.无法判断

614.导线型号的第二个代号是“L”,表示(　　)。
A.铝芯线　B.铜芯线　C.裸体线　D.无法判断

615.导线型号为 RWV,表示(　　)。
A.铜芯聚氯乙烯绝缘护套软电线　B.铜芯聚氯乙烯绝缘护套圆形电线
C.铜芯橡皮线　D.无法判断

616.电气元件的接线图中(　　)。
A.采用集中法表示每一电气元件　B.元件各带电部件可以分开画
C.标注可以和原理图不一致　D.以上都不对

617.分析电气控制原理时应当(　　)。
A.先机后电　B.先电后机　C.先辅后主　D.化零为整

618.能用来表示电机控制电路中电气元件实际安装位置的是(　　)。

A.电气原理图　　B.电气布置图　　C.接线图　　D.电气系统图

619.下列关于电气原理图的说法正确的是(　　)。

A.必须使用国家统一规定的文字符号

B.必须使用地方统一规定的文字符号

C.必须使用国际电工组织统一规定的文字符号

D.都不是

620.电气原理图(　　)。

A.不反映元件的大小　　B.反映元件的大小

C.反映元件的实际位置　　D.以上都不对

621.主电路粗线条绘制在原理图的(　　)。

A.左侧　　B.右侧　　C.下方　　D.上方

622.辅助电路用细线条绘制在原理图的(　　)。

A.左侧　　B.右侧　　C.上方　　D.下方

623.三相交流电源引入线采用(　　)标记。

A.L_1、L_2、L_3 标号　　B.U、V、W 标号

C.a、b、c 标号　　D.A、B、C 标号

624.在原理图中,对有直接接电联系的交叉导线接点,要用(　　)表示。

A.小黑圆点　　B.小圆图　　C.×号　　D.红点

625.一般电气图中的粗线主要表示(　　)。

A.控制回路　　B.主回路　　C.一般线路　　D.主回路和控制回路

626.电力拖动的传动装置是将(　　)连成一体的连接装置。

A.电源与生产机械　　B.电动机与生产机械

C.电源与电动机　　D.电源与启动设备

627.电力拖动中控制设备的功能是控制(　　),使其按照人们的要求进行运转。

A.启动设备　　B.电动机　　C.传动机构　　D.工作机构

628.电力拖动系统由(　　)4 部分组成。

A.电动机、控制设备、传动机构、工作机构　　B.电动机、按钮、接触器、电源

C.电源、启动器、皮带、电动机　　D.电动机、电源、传动机构、工作机构

629.原理图绘制要求(　　)。

A.所用元件、触头数量最少　　B.所用元件、触头数量最多

C.通电元件最多　　D.以上都不对

630.原理图中,各电器的触头位置都按电路未通电或电器(　　)作用时的常态位置画出。

A.未受外力　　B.受外力　　C.受电流　　D.受电压

631.电气原理图阅读的步骤是(　　)。

①先主后辅;②先机后电;③化整为零;④集零为整、通观全局;⑤总结特点。

A.①②③④⑤　　B.②①④③⑤

C.②①③④⑤　　D.①②④⑤③

632.电气设备铭牌上的绝缘等级属于(　　)等级。

A.抗潮湿　　B.抗霉菌　　C.耐击穿　　D.耐热

633.电气设备铭牌上的绝缘等级是依据所用绝缘材料的(　　)而分的。

A.最高允许温度　　B.击穿电压

C.耐潮性能　　D.防霉菌性能

634.起重机采用(　　)电动机才能满足性能的要求。

A.三相笼型异步　　B.绕线式转子异步

C.单相电容异步　　D.并励式直流

635.煤矿井下的机械设备应采用(　　)电动机。

A.封闭式　　B.防护式　　C.开启式　　D.防爆式

636.绕线式三相异步电动机的转子绕组通常采用(　　)接法。

A.△　　B.Y　　C.V　　D.△或 Y

637.绕线式异步电动机转子电路串电阻的调速方法是属于改变(　　)。

A.磁极对数　　B.转差率　　C.电源频率　　D.磁极的磁通

638.星形连接时三相电源的公共点称为三相电源的(　　)。

A.中性点　　B.参考点　　C.零电位点　　D.接地点

639.对称三相四线制供电线路上可以得到(　　)电压值。

A.2 种　　B.1 种　　C.3 种　　D.5 种

640.在变电所,三相母线应分别涂以(　　)色,以示正相序。

A.黄、红、绿　　B.黄、绿、红

C.红、绿、黄　　D.绿、黄、红

641.关于家庭电路和安全用电,下列说法正确的是(　　)。

A.用湿抹布擦拭正在发光的白炽灯

B.家庭电路中的用电器都是串联的

C.湿衣服可以晾在通电电线上

D.在我国家庭照明电路的电压是 AC220 V

642.使用的电气设备按有关安全规程,其外壳应有什么防护措施?(　　)

A.无　　B.保护性接地或接零

C.防锈漆　　D.包胶皮

643.生活中,下列措施不符合安全用电的是(　　)。

A.家用电器的金属外壳要接地

B.开关必须接在火线上

C.发现家用电器或导线失火时,必须先切断电源,然后再救火

D.发现有人触电时,应该立刻用手将触电人拉开

644.下列 4 种做法,符合安全用电原则的是(　　)。

A.将开关安装在灯泡和零线之间　　B.发生触电事故后,先切断电源再救人

C.用湿抹布擦拭正亮的台灯灯泡　　D.使用试电笔时,手与笔尖金属体接触

645.为了防止发生触电事故,开关必须装在(　　)。

A.地线上　　B.中性线上　　C.零线上　　D.相线上

646.漏电保护器的使用是防止(　　)。

A.触电事故　B.电压波动　C.电荷超负荷　D.电压超负荷

647.下列说法正确的是(　　)。

A.直流电比交流电更容易使人触电

B.因为 36 V 是安全电压,所以所有用电设备都应该采用 36 V 额定电压

C.触电指人体直接触及电源或高压电经过空气或其他导电介质传递电流通过人体时引起电击伤

D.36 V 是安全电压,任何情况都不会使人员触电,造成事故

648.机床或钳工台上的局部照明,照明灯应使用(　　)电压。

A.12 V 及以下　B.36 V 及以下　C.110 V　D.220 V

649.触电人已失去知觉,还有呼吸,但心脏停止跳动,下列急救方法可用的是(　　)。

A.仰卧牵臂法　B.胸外心脏按压法

C.俯卧压背法　D.口对口呼吸法

650.黄绿相间的双色线,按电气规范只能用作(　　)。

A.火线　B.零线　C.接地线　D.网络线

651.电气接线时,A、B、C 三相按相序将线的颜色配置为(　　)。

A.红、绿、黄　B.黄、绿、红

C.绿、黄、红　D.无序

652.下列 4 种事例中,不会引起触电事故的是(　　)。

A.人的双手同时分别触到火线和零线

B.人站在干燥的木凳上,单只手触摸零线

C.人触到了外壳破损电器中的火线

D.离高压线很近

653.随着人们生活水平的逐步提高,家用电器的不断增多,在家庭电路中,下列说法正确的是(　　)。

A.灯与控制它的开关是并联的,与插座是串联的

B.使用测电笔时,不能用手接触到笔尾的金属体

C.电路中电流过大的原因之一是使用的电器总功率过大

D.增加大功率用电器时,只需换上足够粗的保险丝即可

654.家庭电路中,造成电流过大的原因不可能的是(　　)。

A.火线与零线短路　B.用电器断路

C.接入了大功率的用电器　D.2 台空调同时启动

655.安装家庭电路时,下列做法正确的是(　　)。

A.将各盏电灯串联　B.将插座和电灯串联

C.将保险丝装在总开关的前面　D.零线直接进灯座,火线经过开关再进灯座

656.白炽灯正常工作时,白炽灯的额定电压应(　　)供电电压。

A.大于　B.小于　C.等于　D.略低于

657.电器着火时,下列不能直接采取的灭火措施是(　　)。

A.四氯化碳灭火剂　　B.干粉灭火剂

C.干冰灭火剂　　D.水灭火

658.按电气规范只能用作接地线的是(　　)。

A.黄色线　　B.绿色线

C.黄绿相间的双色线　　D.红色线

659.当电网正常运行时,三相负载不平衡,此时通过漏电保护器的零序电流互感器的三线电流相量和(　　)。

A.等于零　　B.小于零　　C.大于零　　D.以上说法都不对

660.对触电者进行口对口人工呼吸法急救时,应吹 2 s,停(　　)s。

A.1　　B.3　　C.5　　D.7

661.安装工厂机械设备时,一般在附近打一根 2 m 左右的角钢在地下,用扁铁将安装设备与角钢连接起来,这属于(　　)。

A.重复接地　　B.工作接地　　C.保护接地　　D.保护接零

662.变压器的中性线接地属于(　　)。

A.重复接地　　B.工作接地　　C.保护接地　　D.保护接零

663.某住宅小区的每栋住宅楼都安装了接地极,而这些接地极又和供电系统的中性线相连接,也作为每栋保护接地线使用。该接地属于(　　)。

A.重复接地　　B.工作接地　　C.保护接地　　D.保护接零

664.保护接地的主要作用是(　　)和减少流向人体的电流。

A.防止人体触电　　B.减少对地电流

C.降低对地电压　　D.短路保护

665.下列有关接地体的叙述错误的是(　　)。

A.在地下不得用裸铝导体作接地体或接地线

B.接地线与接地体之间的连接应采用焊接或压接

C.接地体不一定要埋在冻土层以下

D.人工接地体有垂直和水平两种敷设方式

666.下列叙述中错误的是(　　)。

A.当发生接地短路时,重复接地能降低零线的对地电压

B.车间内零干线的终端不需要重复接地

C.当零线断线时,不会使部分零线因无接地点而"悬空",零线"悬空"会使接零设备外壳带电

D.架空线路上多处重复接地,可以改善线路的防雷性能

667.下列叙述中,错误的是(　　)。

A.星形接线的三相电路,其中 3 个线圈连在一起的点称为三相电路的中性点,由中性点引出的线称为零线

B.零线上不准装设开关、熔断器等电气元件

C.用于保护接零的零线,其截面积不得小于该线路中相线截面积的 1/2

D.采用保护接零时,除电源变压器的中性点必须采取工作接地外,同时对零线要在规定

的地点采取重复接地

668.保护接零适用于(　　)供电系统。

A.1 000 V 以下的中性点接地良好的三相四线制

B.1 000 V 以下的中性点不接地的三相四线制

C.1 000 V 以上

D.任何

669.下列有关施工现场保护接零工作的叙述,错误的是(　　)。

A.施工现场的电气系统严禁用大地作相线或零线

B.保护零线可以兼作他用

C.保护零线不得装设开关或熔断器

D.重复接地线应与保护零线连接

670.下列叙述中错误的是(　　)。

A.接地线和零线在短路电流作用下符合热稳定的要求

B.中性点直接接地的低压配电网的接地线、零线宜与相线一起敷设

C.携带式电气设备可以利用其他用电设备的零线接地

D.保护零线应单独敷设不作他用

671.客观上发生触电的最大隐患是(　　)。

A.绝缘损坏　　B.高温作业　　C.修理不及时　　D.电压等级高

672.我国将安全电压分为 3 类,高度危险建筑物中,其安全电压是(　　)V。

A.2.5　　B.12　　C.24　　D.65

673.我国将安全电压分为 3 类,特别是在危险建筑物中,其安全电压是(　　)V。

A.2.5　　B.12　　C.24　　D.65

674.对地绝缘的电力系统,不能(　　)。

A.屏蔽接地　　B.保护接地　　C.保护接零　　D.工作接地

675.设备外壳带电时,采用保护接零可以(　　)。

A.使外壳对地等电位　　B.使短路保护动作

C.发出报警信号　　D.击穿设备绝缘

676.在下列电流路径中,最危险的是(　　)。

A.左手—前胸　　B.左手—双脚

C.右手—双脚　　D.左手—右手

677.人体电阻一般情况下取(　　)。

A.1~10 Ω　　B.10~100 Ω　　C.1 kΩ~2 kΩ　　D.10 kΩ~20 kΩ

678.电气安装规范规定,单相三孔插座(正向面对)安装接线应(　　)。

A.左零右地火上　　B.左地右火上零

C.左火右零上地　　D.左零右火上地

679.检修工作时,凡一经合闸就可送电到工作地点的断路器和隔离开关的操作手把上应悬挂"(　　)"警示牌。

A.止步,高压危险!　　B.禁止合闸,有人工作!

C.禁止攀登,高压危险!　　D.在此工作

680.做人工胸外按压抢救时，每分钟至少做(　　)次。

A.60　　B.80　　C.100　　D.90

681.保护接零的有效性是指，当设备发生故障时的(　　)使保护装置动作。

A.额定电压　　B.过载电压　　C.接地电流　　D.短路电流

682.导线型号为 RVV，表示(　　)。

A.塑料绝缘铜芯护套线　　B.铜芯聚氯乙烯绝缘护套圆形电线

C.铜芯橡皮线　　D.铜芯橡皮电缆

683.导线型号为 BX，表示(　　)。

A.铜芯聚氯乙烯绝缘护套圆形软线　　B.铜芯聚氯乙烯绝缘护套圆形电线

C.橡皮绝缘铜芯线　　D.铜芯橡皮电缆

684.测量收音机的整机电流用(　　)。

A.万用表　　B.钳形电流表　　C.交流电流表　　D.兆欧表

685.测量电动机的三相绕组的直流电阻用(　　)。

A.万用表　　B.直流惠斯顿电桥　　C.绝缘电阻表　　D.接地电阻测试仪

686.用万用表测量晶体管时，如使用(　　)，则可能因电流过大而烧毁小功率的管子。

A.R×1 挡　　B.R×10 挡　　C.R×10k 挡　　D.R×1 挡和 R×10k 挡

687.安装开关、插座及接线盒时，配线要预留一定的长度，一般预留长度是(　　)cm。

A.10~15　　B.15~20　　C.20~25　　D.25~30

688.用钳形电流表测量某正常运转的三相异步电动机的三相电电流，当某同学用钳形电流表钳口夹住 U、V 两根导线时，读数是 15 A，该读数属于(　　)。

A.U 和 V 两相电流之和　　B.U 和 V 两相电流之差

C.W 相的电流　　D.N 线的电流

689.如图所示，请用右手螺旋法则来判断变压器同名端，则(　　)。

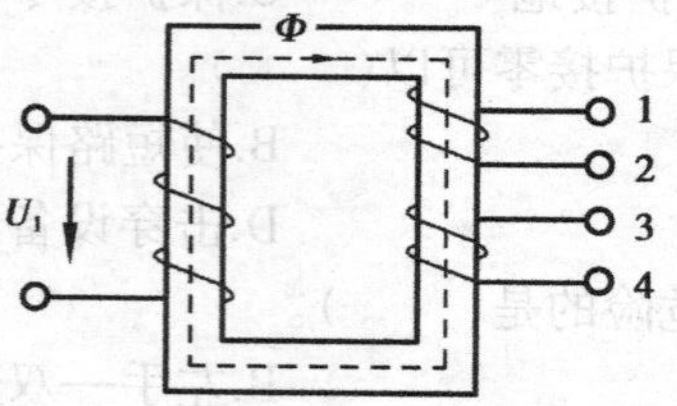

A.1 端与 4 端为同名端　　B.2 端与 4 端为同名端

C.2 端与 3 端为同名端　　D.无法判断

690.如图所示，变压器绕组 L_2，L_3 的感应电动势为 6 V，先用右手螺旋法则来判断变压器同名端；再根据端子极性，将绕组 L_2，L_3 串联，组成电动势为 12 V 的输出电源，则(　　)。

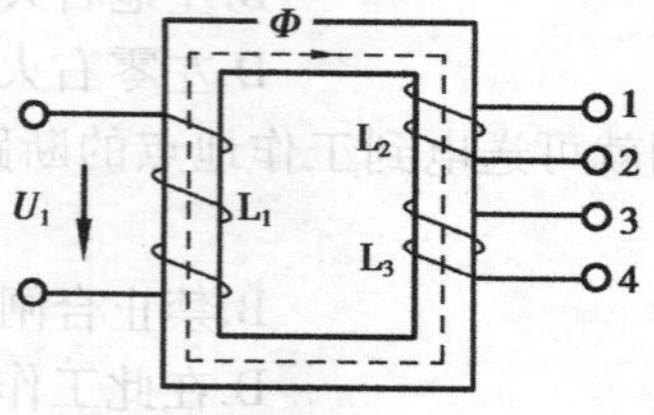

A.1 端与 4 端连接,2 端与 3 端输出　　B.2 端与 4 端连接,1 端与 3 端输出
C.2 端与 3 端连接,1 端与 4 端输出　　D.1 端与 2 端连接,3 端与 4 端输出

691.小型变压器按用途分类,下列选项中错误的是(　　)。
A.电源变压器　　B.双绕组变压器
C.选频变压器　　D.隔离变压器

692.小型变压器按工作频率分类,下列选项中错误的是(　　)。
A.高频变压器　　B.中频变压器
C.低频变压器　　D.耦合变压器

693.三相异步电动机的装配操作工艺步骤是(　　)。
①轴承的安装;②后端盖的安装;③转子的安装;
④前端盖的安装;⑤风扇叶和风罩的安装;⑥皮带轮或联轴器的安装;
A.①②③④⑤⑥　　B.②①③④⑤⑥　　C.③①②④⑤⑥　　D.①②③④⑥⑤

694.关于三相异步电动机装配后用仪表检验的项目,下列选项中错误的是(　　)。
A.用兆欧表测定绝缘电阻值　　B.用转速表测转子的速度
C.用钳形电流表测量三相电流是否平衡　　D.用接地电阻测试仪测接地电阻值

695.铁壳开关属于(　　)。
A.断路器　　B.接触器　　C.刀开关　　D.主令电器

696.刀开关正确的安装方位在合闸后操作手柄向(　　)。
A.上　　B.下　　C.左　　D.右

697.胶盖刀开关只能用来控制(　　)kW 以下的三相电动机。
A.1.5　　B.5.5　　C.10　　D.30

698.刀开关与断路器串联安装使用时,拉闸顺序是(　　)。
A.先断开刀开关后断开断路器　　B.先断开断路器后断开刀开关
C.同时断开断路器和刀开关　　D.无先后顺序

699.无选择性切断电路的保护电器一般用于(　　)的负荷。
A.重要　　B.供电可靠性要求高
C.供电连续性要求高　　D.不重要

700.一般场所下使用的剩余电流保护装置,作为人身直接触电保护时,应选用的额定漏电动作电流和额定漏电动作时间分别为(　　)。
A.50 mA,0.2 s　　B.50 mA,0.1 s　　C.30 mA,0.2 s　　D.30 mA,0.1 s

701.对于无冲击电流的电路,如能正确选用低压熔断器熔体的额定电流,则熔断器具有(　　)保护功能。
A.短路　　B.过载　　C.短路及过载　　D.失压

702.低压断路器的瞬时动作电磁式过电流脱扣器的作用是(　　)。
A.短路保护　　B.过载保护　　C.漏电保护　　D.缺相保护

703.DW 型低压断路器的瞬时动作过电流脱扣器动作电流的调整范围多为额定电流的(　　)倍。
A.1~3　　B.4~6　　C.7~9　　D.10~12

704.控制小容量电动机的微型断路器的电磁脱扣电流应躲过电动机的(　　)电流。

A.空载　　B.实际　　C.堵转(启动瞬间)　　D.额定

705.高灵敏度电流型漏电保护装置是指额定漏电动作电流(　　)mA 及以下的漏电保护装置。

A.6　　B.10　　C.15　　D.30

706.安装漏电保护器时,(　　)线应穿过保护器的零序电流互感器。

A.N　　B.PEN　　C.PE　　D.接地

707.动力回路的熔丝容量原则上不应超过负荷电流的(　　)倍。

A.2.5　　B.3　　C.3.5　　D.4

708.低压断路器是由(　　)等三部分组成。

A.主触头、操作机构、辅助触头　　B.主触头、合闸机构、分闸机构

C.感受元件、执行元件、传递元件　　D.感受元件、操作元件、保护元件

709.热继电器用作电动机的过载保护,适用于(　　)。

A.重载间断工作的电动机　　B.频繁启动与停止的电动机

C.连续工作的电动机　　D.任何工作制的电动机

710.热继电器的动作时间随着电流的增大而(　　)。

A.急剧延长　　B.缓慢延长

C.缩短　　D.保持不变

711.与热继电器相比,熔断器的动作延时(　　)。

A.短得多　　B.差不多　　C.长一些　　D.长得多

712.热继电器的连接导线太粗会使热继电器出现(　　)。

A.误动作　　B.不动作　　C.热元件烧坏　　D.控制电路不通

713.热继电器的感应元件是(　　)。

A.电磁机构　　B.易熔元件　　C.双金属片　　D.控制触头

714.接触器的通断能力应当是(　　)。

A.能切断和通过短路电流　　B.不能切断和通过短路电流

C.不能切断短路电流,能通过短路电流　　D.能切断短路电流,不能通过短路电流

715.用交流接触器控制一台连续运行的三相异步电动机时,接触器的额定电流应为电动机额定电流的(　　)倍。

A.1.1~1.3　　B.1.3~1.5　　C.1.5~2.5　　D.2.5~3.5

716.对于频繁启动的异步电动机,应当选用的控制电器是(　　)。

A.铁壳开关　　B.低压断路器　　C.接触器　　D.转换开关

717.交流接触器本身可兼作(　　)保护。

A.缺相　　B.失压　　C.短路　　D.过载

718.用接触器控制一台 10 kW 三相异步电动机时,宜选用额定电流(　　)A 的交流接触器。

A.10　　B.20　　C.40　　D.100

719.电气图上各交流电源应标出(　　)。

A.极性、电压值　　B.电压值、频率

C.相数、频率及电压值　　D.电压值、极性及频率

720.基本文字符号有单字母符号,也有双字母符号,共有(　　)种。

A.2　　B.3　　C.4　　D.5

721.如果线路上的保险丝烧断,应当先切断电源,查明原因,然后换上新的(　　)的。

A.容量大一些　　B.容量稍大一些　　C.容量小一些　　D.同容量

722.异步电动机连续控制电路中,主接触器常开辅触头与按钮并联起(　　)作用。

A.停止、过载　　B.停止、失压　　C.启动、过载　　D.启动、失压

723.异步电动机正反转控制线路,可采用接触器的(　　)辅触头作为(　　)互锁环节。

A.常开、电气　　B.常开、机械　　C.常闭、电气　　D.常闭、机械

724.正反转控制电路中,可见到常把正转(反转)接触器的(　　)触点(　　)在反转(正转)接触器线路中。

A.常开、串　　B.常开、开　　C.常闭、串　　D.常闭、并

725.在电动机各种启动、制动控制线路中,通常不按(　　)原则进行线路切换。

A.时间　　B.转速　　C.电流　　D.电压

726.异步电动机能耗制动控制线路中,制动接触器应在(　　)时接通。

A.按下启动按钮

B.按下停止按钮并且启动接触器释放

C.启动接触器释放

D.启动接触器动作

模块三　安全生产技能鉴定考试试题

一、判断题

1.保护接地、重复接地、工作接地、保护接零等，都是为了防止间接触电最基本的安全措施。（　　）

2.漏电保护器按检测电流分类，可分为泄流电流型、过电流型和零序电流型等几类。（　　）

3.故障排除的时间等于保护装置动作的时间。（　　）

4.2 000 kW 及以上大容量的高压电动机，常采用电流速断保护。（　　）

5.当继电器线圈中的电流为整定值时，继电器的动作时限与电流的平方成正比。（　　）

6.端子排垂直布置时，排列顺序由上而下；水平布置时，排列顺序由左而右。（　　）

7.需要动作时不拒动，不需要动作时不误动，是对继电保护基本要求。（　　）

8.电压互感器的熔丝熔断时，备用电源的自动装置不应动作。（　　）

9.蓄电池是用来储蓄电能的，能把化学能储存起来，使用时把化学能转化为电能释放出来。（　　）

10.变电所开关控制、继电保护、检测与信号装置所使用的电源属于操作电源。（　　）

11.共基极电路的特点是输入阻抗较小，输出阻抗较大，电流、电压和功率的放大倍数以及稳定性与频率特性较差。（　　）

12.若干电阻串联时，其中阻值越小的电阻，通过的电流也越小。（　　）

13.输出电路与输入电路共用了发射极，简称共发射极电路。（　　）

14.晶体管的电流分配关系是：发射极电流等于集电极电流和基极电流之和。（　　）

15.跨步触电是人体遭受电击中的一种，其规律是离接地点越近，跨步电压越高，危险性也就越大。（　　）

16.配电装置的长度超过 6 m 时，屏后面的通道应有出口分布在通道的两端，其距离不宜大于 20 m。（　　）

17.我国采用的颜色标志的含义基本上与国际安全色标准相同。（　　）

18.绝缘夹钳的定期试验周期为每 6 个月一次。（　　）

19.合金绞线（LHJ）常用于 110 kV 及以上的输电线路上。（　　）

20.杆塔按在其线路上的作用可分为直线杆塔、耐张杆塔、转交杆塔、始端杆塔、终端杆塔、特殊杆塔。（　　）

21.电缆线路中有中间接头时，锡焊接头最高允许温度为 100 ℃。（　　）

22.输电线路是指架设在发电厂升压变压器与地区变电所之间的线路以及地区变电所之间用于输送电能的线路。（　　）

23.巡视并联使用的电缆有无因过负荷分配不均匀而导致某根电缆过热是电缆线路日常巡视检查的内容之一。（　　）

24.电力电缆的绑扎工作原则上敷设一排、绑扎一排。（　　）

25.操作隔离开关时应准确迅速,一次分(合)闸到底,中间不得停留。( )
26.钳形电流表铁芯内的剩磁只影响大电流测量,而对小电流测量无影响。( )
27.如果被测的接地电阻小于 1 Ω,应使用四端钮的接地电阻表。( )
28.电工仪表按照工作原理可分为磁电式、电磁式、电动式、感应式等。( )
29.直流电压表的"+"端接电路的高电位点,"-"端接电路的低电位点。( )
30.接地电阻测量仪主要由手摇发电机、电流互感器、电位器以及检流计组成。( )
31.发生线性谐振过电压时,电压互感器铁芯严重饱和,常造成电压互感器损坏。( )
32.电力系统中超过允许范围的电压称为过电压。( )
33.在正常情况下,避雷器内部处在导通状态。( )
34.在中性点不接地系统中发生单相间歇性电弧接地时,可能会产生电弧接地过电压。( )
35.10 kV 三相供电系统一般采用中性点不接地或高电阻接地方式。( )
36.干式变压器承受冲击过电压的能力较好。( )
37.配电网按其额定电压分为一次配网和二次配网。( )
38.变配电所不属于电力网的部分。( )
39.继电器属于一次设备。( )
40.中性点直接接地系统发生单相接地时,既动作于信号,又动作于跳闸。( )
41.带负荷操作隔离开关可能造成弧光短路。( )
42.不可在设备带电的情况下测量其绝缘电阻。( )
43.断路器在分闸状态时,在操作机构指示牌可看到指示"分"字。( )
44.弹簧操作机构是利用弹簧瞬间释放的能量完成断路器的合闸的。( )
45.高压断路器又称为高压开关,隔离开关又称为隔离刀闸。( )
46.断路器在合闸状态时,在操作机构指示牌可看到指示"合"字。( )
47.隔离开关分闸时,先闭合接地闸刀,后断开主闸刀。( )
48.真空断路器不能用于事故较多场合。( )
49.移动电气设备的电源线单相用三芯电缆,三相用四芯电缆。( )
50.电工刀可以用于带电作业。( )
51.在对触电者进行急救时,如果有心跳,也有呼吸,但呼吸微弱,此时应让触电者平躺,解开衣领,在通风良好处,让其自然呼吸慢慢恢复,不宜对其施加其他急救。( )
52.保护接零适用于电压 0.23 kV/0.4 kV 低压中性点直接接地的三相四线配电系统中。( )
53.接地是消除静电的有效方法。在生产过程中应将各设备金属部件电气连接,使其成为等电位体接地。( )
54.10 kV 及以上架空线路,严禁跨越火灾和爆炸危险环境。( )
55.检查触电者是否有心跳的方法是将手放在触电者的心脏位置。( )
56.人身触电急救时,如果触电者有呼吸、无心跳则应该实施胸外挤压法急救。( )
57.电流通过人体会对人体的内部组织造成破坏,严重时导致昏迷、心室颤动乃至死亡。( )

58.保护接地的目的是防止人直接触电，保护人身安全。 ( )

59.并列运行的变压器，若接线组别不同，则会造成短路故障。 ( )

60.输电主网与电力网间用的变压器多数是降压变压器。 ( )

61.变压器的防爆管有防止因变压器内部严重故障时油箱破裂的作用。 ( )

62.变压器外壳的接地属于保护接地。 ( )

63.变压器中性点接地属于保护接地。 ( )

64.运行中的电流互感器二次侧严禁开路。 ( )

65.操作中如发生疑问，可按正确的步骤进行操作，然后把操作票改正过来。 ( )

66.配电所运行管理条例中的“两票”制度必须严格执行，其所指的“两票”是倒闸操作票和交接班当值票。 ( )

67.工作许可人不得签发工作票。 ( )

68.倒闸操作时，不允许将设备的电气和机械闭锁装置拆除。 ( )

69.工作负责人为了工作方便，在同一时间内可以写两张操作票。 ( )

70.操作票应进行编号，已操作过的应注明“已执行”，保存期不宜少于6个月。 ( )

71.在有可燃气体的环境中，为了防止静电火花引燃爆炸，应采用天然橡胶或者高阻抗的人造橡胶作为地板装修材料。 ( )

72.感应型过流继电器需配时间继电器和中间继电器才可构成过流保护。 ( )

73.架空线路故障，当继电保护动作后，自动重合闸装置使断路器自动合闸。 ( )

74.变电站中，当工作电源因故障自动跳开后，备用电源自动投入装置动作使备用电源进入工作状态。 ( )

75.无论备用电源是否有电压，只要工作电源断路器跳闸，备用电源断路器均自动投入。 ( )

76.当高压电容器组发生爆炸时，处理方法之一是切断电容器与电网的连接。 ( )

77.正弦量可以用相量表示，所以正弦量也等于相量。 ( )

78.直导线在磁场中运动一定会产生感应电动势。 ( )

79.高压架空线路的导线与拉线、电杆或构架间的净空距离不应小于0.3 m。 ( )

80.FZ 型避雷器残压比 FS 型避雷器残压低，适合作为发电厂和变电所设备的防雷保护。 ( )

81.中性点经高阻接地属于非有效接地系统。 ( )

82.负荷开关分闸后有明显的断开点，可起隔离开关的作用。 ( )

83.人体触电时，大脑最为敏感，也最容易受到伤害而发生昏迷，甚至导致血液循环终止而死亡。 ( )

84.变压器型号中横短线后面的数字表示变压器的额定容量，其单位是 kV · A。 ( )

85.变压器的额定电压为绕组的线电压。 ( )

86.全电路的欧姆定律：电流的大小与电源的电动势成正比，而与电源内部电阻和负载电阻之和成反比。 ( )

87.雷云对电力架空线路的杆塔顶部放电时，击穿绝缘子对导线放电而产生的过电压，称为雷电反击过电压。 ( )

88.带有接地闸刀的可移动手车式高压开关柜断路器在试验位置时才能合上接地闸刀。（　）

89.箱式变电站是一种崭新的将高压受电、变压器降压、低压配电等有机地组合在一起的变电站。（　）

90.运行中的电压互感器不允许开路。（　）

91.正常情况下，第一种操作票应在工作的当天交给值班员。（　）

92.变配电所中的中央预告信号有直流操作和交流操作两种。（　）

93.信号继电器动作信号在保护动作发生后会自动返回。（　）

94.电路是为了某种需要，将电气设备和电子元器件按照一定方式连接起来的电流通路。（　）

95.登杆前要对登高板的板子做冲击载荷试验，确认登高板的性能安全后才能使用。（　）

96.电缆头的制造工艺要求高是其缺点之一。（　）

97.如果将电流表并联在线路中测量，则电流表有可能会因过载而被烧坏。（　）

98.兆欧表摇动后产生的电压，L端为负极，E端为正极。（　）

99.某一段时间内负载消耗的电能可以用电度表来测量。（　）

100.高压开关操作机构机械指示牌是观察开关状态的重要部分。（　）

101.为确保安全，户外变电装置的围墙高度一般应不低于3 m。（　）

102.雷电时，应禁止屋外高空检修、试验等作业，若是正在做此类工作，除特殊情况外应立即停止作业。（　）

103.雷电可引起绝缘击穿，破坏设备造成大面积停电，还可威胁到人的生命，对财产造成巨大损失。（　）

104.为了防止直接触电可采用双重绝缘、屏护、隔离等技术措施以保障安全。（　）

105.变压器油枕可减少变压器油氧化和受潮的机会。（　）

106.变压器型号中斜线后面的数字表示变压器高压绕组的额定电压，其单位是kV。（　）

107.对某支路的电气设备合闸时，其倒闸顺序是先合隔离开关，然后是负荷开关，最后是断路器。（　）

108.为防止跨步电压伤人，防直击雷接地装置距建筑物出入口和人行道边的距离不应小于3 m，距电气设备装置的距离要求在5 m以上。（　）

109.直流回路编号从正电源出发，以偶数序号开始编号。（　）

110.在变压器的保护中，过电压保护属于后备保护。（　）

111.配电装置中高压断路器属于一次设备。（　）

112.最大反向电流是指二极管加上最大反向工作电压时的反向电流，反向电流越大，说明二极管的单向导电性能越好。（　）

113.最大值是正弦交流电在变化过程中出现的最大瞬时值。（　）

114.工作票是准许在电气设备上工作的书面命令，是执行保证安全技术措施的书面依据，一般有3种格式。（　）

115.安全色标中,"黑色"表示强制执行。 ( )

116.变配电设备应有完善的屏护装置。安装在室外地上的变压器,以及安装在车间或公共场所的变配电装置,均需装设遮栏作为屏护。 ( )

117.检查架空线路导线接头有无过热,可通过观察导线有无变色实现。 ( )

118.测量高压电路的电流时,电流表应串在被测电路中的高电位端。 ( )

119.进行检修作业时,断路器和隔离开关分闸后,要及时断开其操作电源。 ( )

120.吹弧是灭弧的主要方法之一。 ( )

121.断路器切除短路电流是其保护功能。 ( )

122.箱式变电站箱体内的一次设备为全封闭高压开关柜,产品无裸露带电部分,为全封闭、全绝缘结构,完全能达到零触电事故。 ( )

123.现代高压开关中都采取了迅速拉长电弧的措施灭弧,如采用强力分闸弹簧,其分闸速度已达 16 m/s 以上。 ( )

124.人体触电时,电流流经人体的途径不同会引起不同的伤害,通过中枢神经会引起人立即昏迷。 ( )

125.带电灭火时,如选择干粉灭火器灭火,则机体、喷嘴距带电体 10 kV 线路不得小于 0.4 m。 ( )

126.降压配电变压器的二次输出额定电压要高于用电设备额定电压 10%左右。 ( )

127.电压互感器二次侧的额定电压为 100 V。 ( )

128.用户变电站或配电室进行并路倒闸时,不应自行停用进线保护。 ( )

129.一切调度命令要从值班调度员发布命令时开始,至受令人执行完后报值班调度员后才算全部完成。 ( )

130.过电流继电器的动作电流除以返回电流称为返回系数。( )

131.电力变压器中的变压器油主要起绝缘和冷却作用。 ( )

132.配电装置中高压断路器属于一次设备。 ( )

133.反映二极管电流与电压的关系的曲线称为二极管的伏安特性曲线,有正向特性曲线和反向特性曲线之分。 ( )

134.接地线用黄/绿双色表示。 ( )

135.电力电缆的结构相当于一个电容器,无功输出非常大。 ( )

136.输电线路的电压等级在 35 kV 及以上。 ( )

137.电阻、电感、电容可以用万用表直接测量。 ( )

138.弧光接地过电压一般只在中性点非直接接地系统中单相不稳定电弧接地时产生。 ( )

139.一般以全年平均供电时间占全年时间的百分数来衡量供电的可靠性。 ( )

140.直接与生产和输配电能有关的设备都是一次设备。 ( )

141.高压断路器是一次设备。 ( )

142.电容器正常运行时应发出"嗡嗡"响声。( )

143.与断路器串联的隔离开关,必须在断路器分闸状态时才能进行操作。 ( )

144.在抢救触电者脱离电源时,若未采取任何绝缘措施,救护人员不得直接触及触电者的

皮肤或潮湿衣服。（　）

145.避雷器可以用来防止雷电侵入高压电气设备，也可以用来保护小型独立的建筑物免遭雷击。（　）

146.电气设备在运行过程中，过载或者设备故障运行等造成电流过大，产生大量的热量是引发电气火灾的重要原因。（　）

147.变压器的气体继电器安装于油箱和油枕之间。（　）

148.在进行全站停电操作时，应先将电容器组的开关断开，然后再断开各分路的出线开关。（　）

149.操作票按操作顺序填写，一张操作票只能填写一个操作任务。（　）

150.在发生严重威胁设备及人身安全的紧急情况下，可不填写工作票及操作票，值班人员应立即断开有关的电源。（　）

151.变压器电源侧发生故障时，变压器的电流速断装置应动作。（　）

152.气体继电器是针对变压器内部故障安装的保护装置。（　）

153.定时限电流保护具有动作电流固定不变的特点。（　）

154.变电所开关控制、继电保护、自动装置和信号设备所使用的电源，属于备用电源。（　）

155.集电极最大允许耗散功率与环境温度有关，环境温度越高，则最大允许耗散功率越大。（　）

156.JDJ-10 电压互感器的额定电压为 10 kV。（　）

157.在电气施工中，必须遵守国家有关安全的规章制度，安装电气线路时应根据实际情况以方便使用者为原则来安装。（　）

158.高压验电器每 6 个月要进行一次预防性试验。（　）

159.绝缘安全用具分为基本安全用具及辅助安全用具。（　）

160.聚氯乙烯绝缘电缆一般只在 35 kV 及以下电压等级中应用。（　）

161.绞线(LJ)常用于 35 kV 以下的配电线路，且常作分支线使用。（　）

162.电力电缆是按照电缆的电压等级来选择的。（　）

163.输电线路的电压等级在 35 kV 及以上。（　）

164.磁电式仪表由固定的永久磁铁、可转动的线圈及转轴、游丝、指针、机械调零机构等组成。（　）

165.兆欧表多采用手摇交流发电机作为电源。（　）

166.三相电度表应按正相序接线，经电流互感器接线者极性错误也不影响测量结果。（　）

167.良好兆欧表的两连接线(L、E)短接时，摇动手柄，指针应在“0”处。（　）

168.操作开关时，由于开关的灭弧能力不够强，触头在断开瞬间有可能发生电弧燃烧引起操作过电压。（　）

169.由于倒闸操作而引起的过电压，称为高压闪断过电流。（　）

170.供电系统中三相电压对称度一般不应超过额定电压的 5%。（　）

171.突然停电会造成人身伤亡的用电负荷就属于一类负荷。（　）

172.高峰负荷是指电网或用户在一天时间内所发生的最高负荷值。 ( )

173.可移动手车式高压开关柜在断路器手车未推到工作位置或拉到试验位置时断路器都不能正常合闸。 ( )

174.断路器手车、压互手车必须在“试验位置”时,才能插上和解除移动式手车断路器的二次插头。 ( )

175.操作隔离开关时,一旦发生带负荷误分隔离开关,在刚拉闸时即发现电弧,应立即合上,停止操作。 ( )

176.负荷开关可以用于接通和切断负荷电流。 ( )

177.高压开关柜之间的送电操作顺序为:计量柜→保护柜→电源柜→各馈出柜→电容补偿柜。 ( )

178.低压电笔的测量范围为 500 V 以下。 ( )

179.电气设备发生火灾时,严禁使用能导电的灭火剂进行带电灭火。 ( )

180.在潮湿、有导电灰尘或金属容器内等特殊的场所,不能使用正常电压供电,应该选用安全电压 36 V、12 V、6 V 等电源供电。 ( )

181.漏电保护器对两相触电不能起保护作用,对相间短路也起不到保护作用。 ( )

182.在使触电者脱离电源的过程中,救护人员最好用一只手操作,以防自身触电。 ( )

183.对于高压电气设备,无论是否有绝缘或双重绝缘,均应采取屏护或其他防止接近的措施。 ( )

184.型号为 SFP-6300/35 的变压器中,P 表示强迫油循环。 ( )

185.变压器容量的单位是 kW。 ( )

186.电压互感器二次侧的额定电压为 100 V。 ( )

187.电网倒闸操作,必须根据值班调度员的命令执行,未得到调度指令不得擅自进行操作。 ( )

188.检修人员未看到工作地点悬挂接地线,工作许可人(值班员)也未以手触试停电设备,检修人员应进行质问并有权拒绝工作。 ( )

189.大容量变压器应装设电流差动保护代替电流速断保护。 ( )

190.气体继电器是针对变压器内部故障安装的保护装置。 ( )

191.配电装置中高压断路器的控制开关属于一次设备。 ( )

192 定时限电流保护具有动作电流固定不变的特点。 ( )

193.所有类型二极管在电气图纸中的符号是一样的。 ( )

194.作为一名电气工作人员,发现任何人员违反《电业安全工作规程》,应立即制止其工作。 ( )

195.当梯子的高度大于 6 m 时,要上、中、下三段绑扎。 ( )

196.接地线安装时,可独自一人进行,但必须先接接地端,后接导体端,拆地线的顺序与此相反。 ( )

197.绝缘鞋可作为防护跨步电压的基本安全用具。 ( )

198.电力电缆的结构相当于一个电容器,无功输出非常大。 ( )

199.10 kV 架空线路的线间距离在档距 40 m 及以下时一般为 0.6 m。 ( )

200.无人值班的变配电所中的电力电缆线路，每周至少应进行一次巡视检查。（　　）

201.使导线的稳定温度达到电缆最高允许温度时的载流量称为允许载流量。（　　）

202.输电线路的电压等级在 35 kV 及以上。（　　）

203.钳形电流表在测量的状态下转换量程开关有可能会对测量者产生伤害。（　　）

204.测量直流电流时，电流表应与负载串联在电路中，并注意仪表的极性和量程。（　　）

205.普通阀型避雷器主要用于变电所电气设备的防雷保护。（　　）

206.电力系统中超过允许范围的电压称为过电压。（　　）

207.过电压通常可分为外部过电压，内部过电压和操作过电压。（　　）

208.供电可靠性是衡量供电质量的重要指标之一。（　　）

209.直接用于生产和使用电能、比控制回路（二次设备）电压高的电气设备称为一次设备。（　　）

210.接地变压器的绕组相电压中无三次谐波分量。（　　）

211.带负荷操作隔离开关可能造成弧光短路。（　　）

212.隔离开关分闸时，先闭合接地闸刀，后断开主闸刀。（　　）

213.负荷开关分闸后有明显的断开点，可起到隔离开关的作用。（　　）

214.电工刀可以用于带电作业。（　　）

215.人体触电时，通过人体电流的大小和通电时间的长短是电击事故严重程度的基本决定因素，当通电电流与通电时间之乘积达到 30 mA · s 时即可使人死亡。（　　）

216.在高压线路发生火灾时，应迅速拉开隔离开关，选用不导电的灭火器材灭火。（　　）

217.把电气设备正常情况下不带电的金属部分与电网的保护零线进行连接，称为保护接零，目的是防止间接触电。（　　）

218.变压器的分接开关往 Ⅰ 挡方向调整时，可降低二次侧的电压。（　　）

219.变压器二次电流是由一次电流决定的。（　　）

220.变压器外壳的接地属于保护接地。（　　）

221.变压器投入正常运行后，要定期进行巡视和检查。（　　）

222.配电变压器按用途分为升压和降压变压器。（　　）

223.据统计数据显示，触电事故的发生有一定的规律性，其中在专业电工中，低压触电高于高压触电，农村触电事故高于城镇。（　　）

224.在变压器的保护中，过电流保护属于后备保护。（　　）

225.在继电保护中常采用中间继电器来增加触点的数量。（　　）

226.自动重合闸动作后，需将自动重合闸手动复位，准备下次动作。（　　）

227.石墨、碳等在温度升高时，电阻增大。（　　）

228.整流电路就是利用整流二极管的单向导电性将交流电变成直流电的电路。（　　）

229.国家规定要求，从事电气作业的电工，必须接受国家规定的机构培训，经考核合格者方可持证上岗。（　　）

230.临时接地线的连接要使用专用的线夹固定，其接地端通常采用绑扎连接，各连接点必须要牢固。（　　）

231.临时遮栏设置在可能发生人体接近带电体的巡视通道和检修设备的周围。（　　）

232.耐张杆塔也称为承力杆塔，主要用于电力线路分段处，即耐张段的两端。（ ）

233.电力电缆由上至下依次为高压动力电缆、低压动力电缆、控制电缆、信号电缆。（ ）

234.架空导线的结构可以分为三类：单股导线、多股绞线和复合材料多股绞线。（ ）

235.输电线路都是以交流形式输送的。（ ）

236.万用表测量电压时是通过改变并联附加电阻的阻值来改变测量不同电压的量程。（ ）

237.如果将电压表串入电路中，串入电路将呈开路状态。（ ）

238.绝缘电阻可以用接地电阻测量仪来测量。（ ）

239.用数字万用表测量直流电压时，极性接反会损坏数字万用表。（ ）

240.谐振过电压的特点是振荡频率低，但持续时间长。（ ）

241.过电压通常可分为外部过电压，内部过电压和操作过电压。（ ）

242.中性点经消弧线圈接地属于有效接地系统。（ ）

243.380 V 的配电网是二次配网。（ ）

244.大型电力系统便于发展大型机组。（ ）

245.接地变压器的绕组相电压中无三次谐波分量。（ ）

246.电弧表面温度可达到 3 000~4 000 ℃。（ ）

247.系统的高低压一次侧负荷电流无论多大，电流互感器的二次电流都统一为 1 A。（ ）

248.断路器接通和切断负载电流是其控制功能。（ ）

249.在紧急情况下，可操作脱扣杆进行断路器分闸。（ ）

250.在特殊环境，如湿热、雨雪以及存在爆炸性或腐蚀性气体的场所，使用的移动式电气设备必须符合相应防护等级的安全技术要求。（ ）

251.焊接较大的焊件时，应先用电烙铁将焊件加温。（ ）

252.旋转电机发生火灾时，禁止使用干粉灭火器和干沙直接灭火。（ ）

253.在爆炸危险场地，应将所有设备的金属外壳部分、金属管道以及建筑物的金属结构分别接零或接地，并连成连续整体。（ ）

254.安装避雷针、避雷带、避雷器是防止雷破坏建筑物的主要措施。（ ）

255.变压器的效率与变压器的功率等级有密切关系，通常功率越大，损耗与输出功率比就越小，效率也就越高。（ ）

256.变压器投入正常运行后，要定期进行巡视和检查。（ ）

257.在变压器铭牌上规定的容量就是额定容量，它是指分接开关位于主分接，是额定空载电压、额定电流与相应的相系数的乘积。（ ）

258.变压器利用电磁感应原理，把交流输入电压升高或降低为不同频率的交流输出电压。（ ）

259.停电检修作业后，送电之前，原在配电室内悬挂的临时接地线应由值班员拆除。（ ）

260.工作票签发人不得兼任所签发工作票的工作负责人。（ ）

261.操作票中，一项操作任务需要书写多页时，须注明转接页号，且页号相连。（　　）

262.任何单位和个人不得干预本系统的值班调度员发布或执行调度命令，值班调度员有权拒绝各种干预。（　　）

263.工作许可制度是指在电气设备上进行任何电气作业，都必须填写工作票，并根据工作票布置安全措施和办理开工、竣工等手续。（　　）

264.高压检修工作的停电必须将工作范围的各方面进线电源断开，且各方面至少有一个明显的断开点。（　　）

二、选择题

1.补偿电容器组断电后仍有残余电压，若需再次合闸，应在其断电（　　）min 后进行。

A.1　　B.3　　C.30

2.两只额定电压相同的电阻串联接在电路中，其阻值较大的电阻发热量（　　）。

A.相同　　B.较大　　C.较小

3.配电装置中，电气设备的网状遮栏高度不低于（　　）m，底部离地不应超过 0.1 m。

A.1.3　　B.1.5　　C.1.7

4.在防雷装置中，具有防雷作用的是（　　）。

A.引下线　　B.避雷针　　C.接地装置

5.10 kV 及以下高压供电用户和低压电用户受电端电压的波动幅度不应超过额定电压的（　　）。

A.±7%　　B.±5%　　C.±10%

6.箱式变电站所在接地应共用一组接地装置，接地网的接地引线应不少（　　）条。

A.3　　B.2　　C.4

7.FN 型中的 F 表示（　　）。

A.户内断路器　　B.负荷开关　　C.户内熔断器

8.电磁操动机构是利用（　　）产生的机械操作力矩使开关完成合闸的。

A.电磁功　　B.电动力　　C.弹簧力

9.用电烙铁焊接时，若焊头因氧化而不吃锡，不可（　　）。

A.用焊剂　　B.停止　　C.硬烧

10.下列过程中，不易产生静电的是（　　）。

A.两丝织物摩擦　　B.液体冲刷金属　　C.固体研磨粉碎

11.Ⅱ类设备的防触电保护是采取（　　）措施。这种设备不采用保护接地的措施，也不依赖于安装条件。

A.双重绝缘　　B.安全电压　　C.变压器油绝缘

12.变压器的分接开关装于（　　）。

A.二次侧　　B.一次侧　　C.任一侧

13.10 kV 变压器台停电检修时应先断开（　　）。

A.低压侧总开关　　B.高压侧开关　　C.低压侧各分路开关

14.按照能量守恒定律，变压器绕组电压高的一侧电流（　　）。

A.小　　B.大　　C.和绕组电压低的一侧一样

15.第二种工作票的有效期最长为(　　)。

A.2 d　　B.1 d　　C.3 d

16.电流互感器的额定二次电流一般为(　　)A。

A.5　　B.10　　C.15

17.电流继电器的文字符号为(　　)。

A.KA　　B.KM　　C.KT

18.高压电容器组爆炸的主要原因之一是(　　)。

A.内过电压　　B.运行中温度变化　　C.内部发生极间短路

19.梯子分为人字梯和(　　)。

A.靠梯　　B.挂梯　　C.拉伸梯

20.高低压线路同杆架设时,在直线杆横担之间的最小垂直距离为(　　)m。

A.1　　B.1.2　　C.1.5

21.用兆欧表测量电气设备绝缘时,"线路"(L)接线柱应接在(　　)。

A.电机绕组或导体　　B.电气设备外壳或地线上　　C.电缆的绝缘层

22.为了考核电气设备的绝缘水平,我国决定,10 kV 的最高工作电压为(　　)kV。

A.10.5　　B.12　　C.12.7

23.供电系统中三相电压对称度一般不应超过额定电压的(　　)%。

A.3　　B.4　　C.5

24.弹簧操作机构的分闸弹簧是在断路器(　　)时储能的。

A.分闸　　B.操作　　C.合闸

25.对带有接地闸刀的高压开关柜必须在主闸刀(　　)的情况下才能闭合接地闸刀。

A.分闸　　B.合闸　　C.操作时

26.我国规定的安全电压额定值等级为(　　)。

A.50 V,42 V,36 V,24 V,12 V　　B.48 V,36 V,24 V,12 V,6 V

C.42 V,36 V,24 V,12 V,6 V

27.高压电气设备停电检修时,防止检修人员走错位,误入带电间隔及过分接近带电部分,一般采用(　　)进行防护。

A.标示牌　　B.绝缘台　　C.遮栏防护

28.补偿电容器组的投入与退出与系统的功率因数有关,一般功率因数低于(　　)时应将电容器投入运行。

A.0.85　　B.0.95　　C.1

29.值班人员手动合闸故障线路,继电保护动作将断路器跳开,自动重合闸将(　　)。

A.完成合闸动作　　B.不动作　　C.完成合闸并报警

30.电流互感器能将(　　)。

A.大电流变成电流　　B.高电压变成低电压　　C.小电流变成大电流

31.电气工程的安全用具分为两大类,即绝缘安全用具和(　　)安全用具。

A.特殊　　B.一般防护　　C.非绝缘

32.架空电力线路在同一档距中,各相导线的弧垂应力求一致,允许误差不应大于(　　)m。

A.0.1　　B.0.05　　C.0.2

33.架空电力线路的绝缘子定期清扫应每(　　)进行一次。

A.一年　　B.　半年　　C.二年

34.用万用表测量电阻时,则需要将(　　)作为测量电源。

A.外接电源　　B.表内电池　　C.电阻电压

35.互相连接的避雷针、避雷带等的引下线,一般不少于(　　)根。

A.1　　B.3　　C.2

36.TN 系统表示电源中性点(　　)。

A.不接地　　B.经阻抗接地　　C.直接接地

37.照明时,允许电压偏差在一般工作场所为额定电压的(　　)。

A.±(5%~10%)　　B.±5%　　C.±10%　　D.±15%

38.测量电容器绝缘电阻(　　)应注意放电,以防作业人员触电。

A.后　　B.前　　C.前后

39.可移动手车式高压开关柜断路器在合闸位置时,(　　)移动手车。

A.能　　B.不能　　C.根据需要

40.当人体发生触电时,通过人体电流越大就越危险,通常将(　　)电流作为发生触电事故的危险电流界限。

A.摆脱　　B.感知　　C.室颤

41.干粉灭火器适用于(　　)kV 以下线路带电灭火。

A.0.6　　B.10　　C.50

42.10 kV/0.4 kV 配电变压器一、二次绕组的匝数比等于(　　)。

A.10　　B.20　　C.25

43.纯净的变压器油具有优良的(　　)性能。

A.导热　　B.冷却　　C.导电

44.手动操作断路器跳闸时,自动重合闸继电保护处于(　　)状态。

A.动作　　B.不动作　　C.再次动作

45.电力线路电流速断保护按躲过本线路的(　　)来整定计算。

A.末端两相最小短路电流　　B.首端三相最大短路电流

C.末端三相最大短路电流

46.电荷的基本单位是(　　)。

A.安秒　　B.安培　　C.库仑

47.架空电力线路跨越架空弱电线路时,对于一级弱电线路的交角应大于等于(　　)。

A.30°　　B.15°　　C.45°

48.万用表测量电阻时,如果被测电阻未接入,则指针指示(　　)。

A.∞ 位　　B.0 位　　C.中间位

49.在 10 kV 系统中,氧化锌避雷器较多并联在真空开关上,以便限制(　　)。

A.反向击穿电压　　B.内部过电压　　C.截流过电压

50.主网是电力系统的最高级电网,电压在( )kV 以上。

A.10　　B.35　　C.110

51.固定式成套配电装置中断路器和隔离开关之间一般装设有机械联锁装置,以防止( ),保证人身和设备的安全。

A.错分错合断路器　　B.误入带电间隔　　C.带负荷操作隔离开关

52.移动式电气设备的电源线应采用( )软电缆。

A.塑胶绝缘　　B.带有屏蔽层的　　C.橡皮绝缘

53.高压电气发生火灾,在切断电源时,应选择操作( )来切断电源,再选择灭火器材灭火。

A.火灾发生区油断路器　　B.隔离开关

C.隔离开关和火灾发生区油断路器

54.当设备发生碰壳漏电时,人体接触设备金属外壳所造成的电击称作( )电击。

A.静电　　B.直接接触　　C.间接接触

55.干式变压器属于( )变压器。

A.隔离　　B.稳压　　C.节能型

56.在变配电站停电检修或安装时,( )负责完成安全技术措施与安全组织措施。

A.值班员　　B.监护人　　C.检修人员

57.设备的断路器、隔离开关都在合闸位置,说明设备处在( )状态。

A.运行　　B.检修　　C.使用

58.手车式开关柜,小车已推入,开关断开,称为( )。

A.备用状态　　B.运行状态　　C.检修状态

59.电力电容器接入线路对电力系统进行补偿的目的是( )。

A.稳定电流　　B.稳定电压　　C.提高功率因数

60.变电所开关控制,继电保护、自动装置和信号设备所使用的电源称为( )。

A.操作电源　　B.交流电源　　C.直流电源

61.电压继电器的文字符号为( )。

A.KA　　B.KM　　C.KV

62.交流电的三要素是指最大值、频率及( )。

A.相位　　B.角度　　C.初相角

63.基本安全用具包括绝缘棒(拉杆)及( )。

A.绝缘夹钳　　B.绝缘隔板　　C.绝缘垫

64.电缆的型号为 ZQ22-3×70-10-300,其中“10”表示该电缆的( )。

A.载流量　　B.工作电压　　C.工作电流

65.从降压变电站把电力送到配电变压器或将配电变压器的电力送到用电单位的线路都属于( )线路。

A.输电　　B.架空　　C.配电

66.在( )系统中,变压器中性点一般不装设防雷保护。

A.中性点不接地　　B.中性点接地　　C.接零保护

67.过电压作用于电气设备时可引起设备(　　)。

A.过载损坏　　B.绝缘击穿　　C.过热损坏

68.消弧线圈对接地电容电流采用全补偿会引起(　　)。

A.并联谐振过电压　　B.串联谐振过电压　　C.串联谐振过电流

69.带有撞击器的新型熔断器配合带有熔断联动的高压负荷开关有效地解决了(　　)问题。

A.缺相　　B.短路　　C.过载

70.某断路器用 ZN 表示,其中 Z 表示(　　)断路器。

A.直流　　B.六氟化硫　　C.真空

71.由于手持式电工工具在使用时是移动的,其电源线易受到拖拉、磨损而碰壳或脱落导致设备金属外壳带电,导致(　　)。

A.触电事故　　B.断电事故　　C.短路事故

72.各种变配电装置防止雷电侵入波的主要措施是(　　)。

A.采用避雷针　　B.采用(阀型)避雷器　　C.采用避雷网

73.干式变压器绕组的最高允许温度应不大于(　　)℃。

A.100　　B.105　　C.155

74.降压配电变压器的输出电压要高于用电设备的额定电压,目的是(　　)。

A.补偿功率因数　　B.减小导线截面　　C.补偿线路电压损失

75.在办理停电、送电手续时,严禁(　　)停电、送电。

A.约定时间　　B.规定时间　　B.延长时间

76.电气设备由事故转为检修时,应(　　)。

A.直接检修　　B.填写工作票　　C.汇报领导后进行检修

77.变压器保护中,属于后备保护的是(　　)保护。

A.电压　　B.过电流　　C.阀型避雷器

78.以下设备属于二次系统的是(　　)。

A.高压隔离开关　　B.断路器　　C.电流互感器

79.跌落式熔断器在短路电流通过后,装在管子内的熔体快速(　　)断开一次系统。

A.熔断　　B.切断　　C.跳闸

80.用万用表测量直流电流时,万用表应该与被测电路(　　)。

A.串联　　B.并联　　C.串联和并联都可以

81.电工专用的安全牌通常称为(　　)。

A.警告牌　　B.标示牌　　C.安全牌

82.35 kV 架空铜导线的最小允许截面应选(　　)mm^2。

A.25　　B.35　　C.16

83.我国电缆产品的型号由几个(　　)和阿拉伯数字组成。

A.小写汉语拼音字母　　B.大写汉语拼音字母　　C.大写英文简写

84.如果电流表不慎并联在线路中,不可能出现的是(　　)。

A.损坏仪表　　B.指针无反应　　C.指针满偏

85.测量直流电流时,如果极性接反,则电流表的指针( )。

A.无偏转 B.正向偏转 C.反向偏转

86.氧化锌避雷器的阀片电阻具有非线性特性,在( )电压作用下,其阻值很小,相当于短路状态。

A.过 B.额定 C.恒定

87.对于 10 kV 的配电装置,常用的防雷措施是( )。

A.将母线分别接地 B.在母线上装设阀型避雷器

C.将母线通过高阻接地

88.110 kV 及以上的供电系统的接地方式一般采用( )接地方式。

A.大电流 B.小电流 C.不接地

89.断路器用( )表示。

A.QS B.FU C.QF

90.三相四线式 380 V 配电网属于( )。

A.一次配网 B.二次配网 C.高压系统

91.跌开式高压熔断器在户外应安装在离地面垂直距离不小于( )m 的地方。

A.4 B.3 C.4.5

92.在高压设备上作业时应由( )人或以上进行。

A.3 B.2 C.4

93.钢丝钳带电剪切导线时,不得同时剪切( )的两根线,以免发生短路事故。

A.不同电位 B.不同颜色 C.不同大小

94.人遭到电击时,由于人体触电的部位不同,其电流经过人体的路径也不同,其中电流流过( )危害最大。

A.心脏 B.头部 C.中枢神经

95.在爆炸危险场所,应尽量少安装( )。

A.开关 B.电动机 C.插座

96.配电变压器原、副绕组匝数不同,一般其副绕组的匝数要比原绕组的匝数( )。

A.多 B.少 C.一样

97.变压器( )保护动作后,在未查明原因前不能再次投入运行。

A.温度 B.失压 C.重瓦斯

98.配电变压器的高压侧一般都选择( )作为防雷用保护装置。

A.跌落式熔断器 B.避雷器 C.跌落熔断器和避雷器

99.设备的隔离开关在合闸位置,只断开了断路器,说明设备处在( )状态。

A.检修 B.运行 C.热备用

100.填写工作票时要字体规范、字迹清楚,不得涂改和不得用( )填写。

A.钢笔 B.圆珠笔 C.铅笔

101.变压器的电流速断保护灵敏度按保护侧短路时的( )校定。

A.最大短路电流 B.最小短路电流 C.超负荷电流

102.定时限电流保护具有( )的特点。

A.动作时间不变　　B.动作电流不变　　C.动作时间改变

103.备用电源只能投入(　　)次。

A.3　　B.2　　C.1

104.线路限时电流速断保护装置动作,可能是(　　)部分发生短路故障。

A.始端　　B.全线　　C.末端

105.射极输出器的特点之一是具有(　　)。

A.与共发射极电路相同　　B.很小的输入电阻　　C.很大的输出电阻

106.电气设备检修时,工作票的有效期限以(　　)为限。

A.一般不超过两天　　B.当天　　C.批准的检修期限

107.(　　)用具是登高作业时必须必备的保护用具。

A.登高板　　B.安全带　　C.脚扣

108.电力电缆敷设到位后,首次绑扎可采用铁丝等材料将电缆定型,在进行二次整理时将绑扎材料更换为(　　),并定尺绑扎。

A.铜丝线　　B.过塑铁丝　　C.塑料绑线

109.架空导线型号为 TJ-50,其含义是(　　)。

A.截面积为 50 mm^2 的铜绞线　　B.标称截面积为 50 mm^2 的铜绞线

C.长度 50 m 的铜绞线

110.新敷设的带中间接头的电缆线路,在投入运行(　　)后,应进行预防性试验。

A.半年　　B.3 个月　　C.1 年

111.当不知道被测电流的大致数值时,应该先使用(　　)量程的电流表试测。

A.中间　　B.较小　　C.较大

112.正常情况下,氧化锌避雷器内部(　　)。

A.通过泄漏电流　　B.通过工作电流　　C.无电流流过

113.对于一类负荷的供电,应由至少(　　)个独立的电源供电。

A.1　　B.2　　C.3

114.(　　)属于变配电所的一次设备。

A.电箱　　B.控制电源开关　　C.隔离开关

115.电容器组允许在其(　　)倍额定电流下长期运行。

A.1.2　　B.1.1　　C.1.3

116.(　　)的主要作用是隔离电源。

A.断路器　　B.隔离开关　　C.熔断器

117.箱式变电站 10 kV 配电装置不用断路器,常用(　　)加熔断器和环网供电装置。

A.负荷开关　　B.隔离开关　　C.空气开关

118.为防止高压输电线路被雷击中损毁,一般要安装(　　)。

A.避雷器　　B.接闪杆　　C.接闪线

119.雷电的(　　)效应可使巨大的建筑物坍塌,造成家毁人亡。

A.冲击　　B.电气　　C.机械

120.人体触电时,电流灼伤和电弧烧伤是电流的(　　)效应造成的。

A.火花　　B.机械　　C.热量

121.变压器采用星形接线方式时,绕组的线电压(　　)其相电压。

A.等于　　B.大于　　C.小于

122.运行中的电压互感器相当于一个(　　)的变压器。

A.空载运行　　B.短路运行　　C.带负荷运行

123.变压器防爆管的作用是(　　)。

A.防止油箱破裂　　B.使瓦斯保护动作,断路器跳闸

C.用于观察油的压力

124.变配电所的运行及管理实行(　　)制度。

A."两票两制度"　　B."三票两制度"　　C."两票三制度"

125.所有断路器,隔离开关均断开,在有可能来电端挂好地线,说明设备处于(　　)状态。

A.检修　　B.运行　　C.备用

126.负荷开关常与(　　)串联安装。

A.高压隔离开关　　B.高压断路器　　C.高压电容器

127.在下列物质中,属于半导体的是(　　)。

A.铁　　B.橡胶　　C.硅

128.倒闸操作应由两人进行,一人唱票与监护,另一人(　　)。

A.操作　　B.复诵　　C.复诵与操作

129.脚扣是登杆专用工具,其主要部分用(　　)材料制成。

A.钢材　　B.绝缘材料　　C.木材

130.电缆终端头,根据现场运行情况每(　　)停电检修一次。

A.3 个月　　B.半年　　C.1 年

131.可以不断开线路测量电流的仪表是(　　)。

A.钳形电流表　　B.电流表　　C.万用表

132.对于 10 kV 的变电所,要求电压互感器组采用(　　)接线。

A.Y,yn　　B.YN,yn　　C.V,v

133.IT 系统中的 I 表示(　　)。

A.中性点直接接地　　B.重复接地　　C.中性点不接地

134.(　　)是电力系统中的主要网络,简称主网。

A.配电网　　B.变电网　　C.输电网

135.额定电压为 1 000 V 及以上的设备,测量其绝缘电阻时应选用(　　)V 的兆欧表。

A.1 000　　B.500　　C.2 500

136.高压开关柜进行停电操作时,各开关设备的操作顺序是(　　)。

A.断路器—电源侧刀闸—负荷侧刀闸

B.电源侧刀闸—断路器—负荷侧刀闸

C.断路器—负荷侧刀闸—电源侧刀闸

137.带有储能装置的操作机构在有危及人身和设备安全的紧急情况下可采取紧急措施进行(　　)。

A.合闸　　B.分闸　　C.储能

138.保护接零属于(　　)系统。

A.TT　　B.IT　　C.TN

139.电压互感器的额定二次电压一般为(　　)V。

A.220　　B.100　　C.50

140.信号继电器的文字符号是(　　)。

A.KT　　B.K　　C.KS

141.对于 10 kV 电容器的电流速断保护,动作时间为(　　)s。

A.0　　B.0.1　　C.0.5

142.当供电系统发生故障时,只有离故障点最近的保护装置动作,而供电系统的其他部分仍正常运行,满足这要求的动作称为(　　)动作。

A.快速性　　B.选择性　　C.可靠性

143.1 V · A 等于(　　)μV · A。

A.1 000　　B.1 000 000　　C.1 000 000 000

144.钢芯铝绞线广泛应用于(　　)线路上。

A.配电　　B.低压　　C.高压

145.电力电缆按照电缆的电流(　　)来选择的。

A.电压等级　　C.载流量　　C.最小值

146.配电线路的作用是(　　)电能。

A.输送　　C.分配　　C.汇集

147.电能表属于(　　)仪表。

A.电磁式　　B.电动式　　C.感应式

148.变电所设置进线段保护的目的是(　　)。

A.限制雷电侵入波幅值　　B.防止进线短路

C.稳定进线端电压

149.雷电过电压又称为(　　)过电压。

A.内部　　B.外部　　C.磁电

150.TT 系统中第二个 T 表示(　　)。

A.保护接地　　B.保护接零　　C.工作接地

151.在变配电所中 B 相的着色是(　　)色。

A.绿　　B.黄　　C.红

152.我国交流电的额定频率为(　　)Hz。

A.40　　B.50　　C.80

153.CD10 中的 D 表示(　　)操作机构。

A.电动　　B.手动　　C.电磁

154.严禁带负荷操作隔离开关,因为隔离开关没有(　　)。

A.快速操作机构　　B.灭弧装置　　C.装设保护装置

155.对于建筑物的防雷击,常采用接闪带和(　　)来进行保护。

A.接闪网　　　　　　B.氧化锌避雷器　　　　　　C.接闪线

156.电流对人体的伤害可以分为电伤和(　　)两种类型。

A.电烫　　　　　　B.电烙　　　　　　C.电击

157.改变变压器分接开关的位置时,应来回多操作几次,目的是保证(　　)。

A.下次操作灵活　　　　　　B.分接开关接触良好　　　　　　C.不会出现错误操作

158.封闭式的干式变压器,最适合用于(　　)。

A.变电所　　　　　　B.配电所　　　　　　C.恶劣环境

159.开启式干式变压器,小容量的采用(　　)冷却方式。

A.空气自冷式　　　　　　B.风冷式　　　　　　C.空气自冷式加风冷式

160.因故需暂时中断作业时,所装设的临时接地线(　　)。

A.保留不动　　　　　　B.全部拆除　　　　　　C.待后更换

161.在变电站外线路工作,一经合闸即可送电到施工线路的线路开关和刀闸操作手柄上应悬挂(　　)标示牌。

A.禁止合闸、有人工作　　　　　　B.禁止合闸,线路有人工作

C.在此工作

162.处理紧急事故时可不填写(　　),但应事后将有关事项记入值班日志,并及时汇报。

A.第二种工作票　　　　　　B.第一种工作票　　　　　　C.倒闸操作票

湖北省中职电气电子类技能高考模拟试题

（理论题部分）

一、判断题

1.电压，也称作电势差或电位差，是衡量单位电荷在静电场中由于电势不同所产生的能量差的物理量。（ ）

2.在导体上施加电压就会有电流流过。（ ）

3.导体对电流的阻碍作用就叫该导体的电阻。（ ）

4.电动势表示非静电力把单位正电荷从负极经电源内部移到正极所做的功。（ ）

5.电器设备在单位时间内消耗的电能称为电功率。（ ）

6.在同一电路中，导体中的电流跟导体两端的电压成正比，跟导体的电阻阻值成反比，这就是欧姆定律。（ ）

7.电磁场可由变速运动的带电粒子引起，也可由强弱变化的电流引起。（ ）

8.电磁感应是因磁通量变化产生感应电动势的现象。（ ）

9.电路的基本组成部分是电源和负载。（ ）

10.电路中能提供电能的称为电源元件。（ ）

11.通过一根导线将电阻连接在一起的方法称为串联连接。（ ）

12.将 2 个以上电阻平行连接的方法称为并联连接。（ ）

13.电气回路中流过的电流超过一定数值时，保护装置起作用，保护回路安全。（ ）

14.通断装置就是在电气回路中设置的接通和断开电源的装置。（ ）

15.半导体是构成电子控制零部件的基础单元。（ ）

16.半导体如果受外部刺激，其性质不会发生变化。（ ）

17.半导体分为 P 型、N 型和 H 型。（ ）

18.二极管是 P 型半导体和 N 型半导体接合而成的。（ ）

19.二极管具有单向导通性能。（ ）

20.一般整流用二极管。（ ）

21.齐纳二极管是一种特殊的二极管。（ ）

22.晶体管是在 PN 接合半导体上，再接合一块 P 型或 N 型半导体。（ ）

23.晶体管的工作原理同二极管相同。（ ）

24.晶体管的作用就是开关作用。（ ）

25.增幅作用是晶体管的运用之一。（ ）

二、单选题

1.电压的符号为（ ）。

A.R　　B.I　　C.U　　D.P

2.电压的单位是（ ）。

A.伏[特]　　B.瓦[特]　　C.安[培]　　D.欧[姆]

3.电流的符号为(　　)。

A.R　　B.I　　C.U　　D.P

4.电流的单位是(　　)。

A.伏[特]　　B.瓦[特]　　C.安[培]　　D.欧[姆]

5.电阻的符号为(　　)。

A.R　　B.I　　C.U　　D.P

6.电阻的单位是(　　)。

A.伏[特]　　B.瓦[特]　　C.安[培]　　D.欧[姆]

7.电动势的符号为(　　)。

A.E　　B.I　　C.U　　D.P

8.电动势的单位是(　　)。

A.伏[特]　　B.瓦[特]　　C.安[培]　　D.欧[姆]

9.电功率的符号为(　　)。

A.R　　B.I　　C.U　　D.P

10.电功率的单位是(　　)。

A.伏[特]　　B.瓦[特]　　C.安[培]　　D.欧[姆]

11.关于欧姆定律,选出合适的描述(　　)。

A.电流与电阻成正比　　B.电流与电压成正比

C.电流与电压成反比　　D.电流与电阻、电压无关

12.向1欧[姆]的电阻施加1伏[特]的电压时产生的电流大小就是(　　)安[培]。

A.0　　B.0.5　　C.1.5　　D.1

13.引起电磁场的原因是(　　)。

A.由变速运动的带电粒子引起　　B.由不变的电压引起

C.由不变的电流引起　　D.由较大的电阻引起的

14.引起电磁场的原因是(　　)。

A.由不变的电流引起的　　B.由不变的电压引起的

C.由强弱变化的电流引起的　　D.由较大的电阻引起的

15.感应电流产生的条件是(　　)。

A.无切割磁感线的运动　　B.电路是闭合且通的

C.电路时打开的　　D.磁通量不变化

16.感应电流产生的条件是(　　)。

A.无切割磁感线的运动　　B.电路是接通的

C.穿过闭合电路的磁通量发生变化　　D.磁通量不变化

17.电路的基本组成部分是电源、负载和(　　)。

A.连接导线　　B.电动势　　C.负极　　D.正极

18.电路的基本组成部分是连接导线、负载和(　　)。

A.正极　　B.电动势　　C.负极　　D.电源

19.电路中能提供电能的称为(　　)。

A.耗能元件　　B.储能元件　　C.无源元件　　D.电源元件

20.电路中不能提供电能的称为(　　)。

A.耗能元件　　B.储能元件　　C.电源元件　　D.无源元件

21.串联连接回路中,流过各电阻的电流(　　)。

A.同各电阻的阻值成正比　　B.同各电阻的阻值成反比

C.相同　　D.逐渐减小

22.串联连接回路中,加在各电阻的电压(　　)。

A.同各电阻的阻值成正比　　B.同各电阻的阻值成反比

C.相同　　D.逐渐增大

23.并联连接回路中,加在各电阻上的电压(　　)。

A.同各电阻的阻值成正比　　B.同各电阻的阻值成反比

C.相同　　D.以上选项都不是

24.并联连接回路中,总的电流等于各电阻的(　　)。

A.电流之和　　B.电流之积

C.电流平均值　　D.电流均方根值

25.常见的保护装置是指(　　)。

A.继电器　　B.开关　　C.熔断器　　D.电磁阀

26.熔断器的容量大约是负荷电流(　　)倍。

A.1　　B.1.5　　C.5　　D.10

27.常见的通断装置是指开关和(　　)。

A.电磁阀　　B.传感器　　C.熔断器　　D.继电器

28.继电器是利用作用在线圈上的(　　)开闭其触点,以便接通和断开电源。

A.磁力线　　B.磁场　　C.电磁力　　D.永久磁场

29.半导体的导电性能(　　)。

A.比导体好　　B.比绝缘体差

C.介于导体和绝缘体之间　　D.接近金属导体

30.常见的半导体有硅和(　　)。

A.碳　　B.铜　　C.铅　　D.锗

31.如果温度升高,半导体的自由电子数将(　　)。

A.增加　　B.不变

C.减少　　D.一会儿增加,一会儿减少

32.如果温度升高,半导体的电阻值将(　　)。

A.增加　　B.不变

C.减少　　D.一会儿增加,一会儿减少

33.P 型半导体是在有 4 个价电子的硅或锗中加入了有(　　)个价电子的铟元素。

A.1　　B.3　　C.5　　D.7

34.N 型半导体是在有 4 个价电子的硅或锗中加入了有(　　)个价电子的砷元素。

A.1　　B.3　　C.5　　D.7

35.P 型半导体带有很多(　　)。

A.带正电量的空穴　　B.带负电量的空穴

C.带正电量的自由电子　　D.带负电量的自由电子

36.N 型半导体带有很多(　　)。

A.带正电量的空穴　　B.带负电量的空穴

C.带正电量的自由电子　　D.带负电量的自由电子

37.在二极管的 P 型侧接电源的正极,在 N 型侧接电源的负极,其接合部的电场屏蔽将(　　)。

A.增强　　B.不变　　C.减弱　　D.消失

38.在二极管的 P 型侧接电源的正极,在 N 型侧接电源的负极,自由电子将越过接合面向(　　)移动。

A.正极　　B.负极

C.一半向正极,一半向负极　　D.百分之二十向负极

39.半波整流使用(　　)个二极管。

A.1　　B.2　　C.3　　D.4

40.全波整流使用(　　)个二极管。

A.1　　B.2　　C.3　　D.4

41.在齐纳二极管上施加逆方向电压,当电压超过某一数值时,(　　)。

A.会急剧产生电流　　B.会急剧产生电阻

C.会急剧产生电流导致二极管击穿损坏　　D.会急剧产生电流而不会出现击穿损坏

42.齐纳二极管的齐纳电压与二极管的击穿电压相比,齐纳电压(　　)。

A.高　　B.低　　C.相同　　D.不确定

43.晶体管有(　　)型。

A.NNP　　B.NPN　　C.PNN　　D.PPN

44.晶体管有(　　)型。

A.NNP　　B.NPP　　C.PNP　　D.PPN

45.对 NPN 型晶体管,如果在集电极和发射极施加电压,其中集电极为正电压,那么发射极内的自由电子(　　)。

A.朝基极侧移动　　B.朝集电极侧移动

C.不动　　D.在发射极处无序运动

46.对 NPN 型晶体管,如果在集电极和发射极施加电压,其中集电极为正电压,那么基极内的空穴(　　)。

A.朝集电极侧移动　　B.朝发射极侧移动

C.不动　　D.在基极处无序运动

47.在汽车中与电子控制相关的回路的开闭一般由(　　)来进行。

A.开关　　B.继电器　　C.二极管　　D.晶体管

48.晶体管不存在类似继电器(　　)磨损、烧损等情况。

A.线圈　　B.触点　　C.电磁力　　D.磁力线

49.在开关回路中,主要运用了晶体管的(　　)优点。

A.不存在类似继电器触点磨损、烧损等情况

B.可以实现高速开闭

C.不会发生间歇电震

D.可实现小电流控制大电流

50.晶体管的运用有开关回路、定时回路、电压限制和(　　)。

A.发动机转速传感　　B.空气流量传感

C.温度传感　　D.电子点火

2020年电工证模拟考试试题

一、填空题

1.负载的作用是把____________转换为____________。

2.欧姆定律告诉我们，通过电阻元件两端的________与其两端之间的________成正比；电压固定时，则与________成反比。

3.电流通过电阻时，电阻会发热，将电能转换成热能，这就是____________。

4.交流电的优点很多，其中输电时将电压升高，以减少________损失；用电时把电压降低，以降低________。

5.电容充电是将电提供的______储存起来；电容器放电是将______释放出来。

6.各种电气事故中，________占有特别突出的地位。

7.我国规定_____，_____，_____，_____，_____ V 为安全电压。在潮湿环境中应使用_____ V 以下。

8.10 000 Hz 高频交流电的感知电流，男性约____ mA，女性约为____ mA；平均摆脱电流，男性约为____ mA，女性约为____ mA。

9.一般来说，触电形式有______、______和____________三种。

10.青、中年人以及非电工触电事故很多，主要是由于这些人是主要的操作者、________、________________的缘故。

二、选择题

1.两只额定电压相同的电阻串联接在电路中，则阻值较大的电阻(　　)。

A.发热量较大　　B.发热量较小　　C.没有明显差别

2.万用表的转换开关是实现(　　)。

A.各种测量种类及量程的开关　　B.万用表电流接通的开关

C.接通被测物的测量开关

3.绝缘棒平时应(　　)。

A.放置平稳

B.使它们不与地面和墙壁接触，以防受潮变形

C.放在墙角

4.绝缘手套的测验周期是(　　)。

A.每年一次　　B.六个月一次　　C.五个月一次

5.绝缘靴的试验周期是(　　)。

A.每年一次　　B.六个月一次　　C.三个月一次

6.在值班期间需要移开或越过遮栏时(　　)。

A.必须有领导在场　　B.必须先停电

C.必须有监护人在场

7.值班人员巡视高压设备(　　)。

A.一般由二人进行　　B.值班员可以干其他工作

C.若发现问题可以随时处理

8.倒闸操作票执行后,必须(　　)。

A.保存至交接班　　B.保存三个月　　C.长时间保存

9.接受倒闸操作命令时(　　)。

A.要有监护人和操作人在场,由监护人接受

B.只要监护人在场,操作人也可以接受

C.可由变电站(所)长接受

10.直流母线的正极相色漆规定为(　　)。

A.蓝　　B.白　　C.赭

11.接地中线相色漆规定涂为(　　)。

A.黑　　B.紫　　C.白

12.变电站(所)设备接头和线夹的最高允许温度为(　　)。

A.85 ℃　　B.90 ℃　　C.95 ℃

13.电流互感器的外皮最高允许温度为(　　)。

A.60 ℃　　B.75 ℃　　C.80 ℃

14.电力电缆不得过负荷运行,在事故情况下,10 kV以下电缆只允许连续(　　)运行。

A.1 h过负荷35%　　B.1.5 h过负荷20%　　C.2 h过负荷15%

15.电力变压器的油起(　　)作用。

A.绝缘和灭弧　　B.绝缘和防锈　　C.绝缘和散热

16.继电保护装置是由(　　)组成的。

A.二次回路各元件　　B.各种继电器

C.各种继电器和仪表回路

17.信号继电器动作后(　　)。

A.继电器本身吊牌或灯光指示

B.应立即接通灯光音响回路

C.应是一边本身吊牌,一边触点闭合接通其他信号

18.线路继电保护装置在该线路发生故障时,能迅速将故障部分切除并(　　)。

A.自动重合闸一次　　B.发出信号

C.让完好部分继续运行

19.装设接地线时,应(　　)。

A.先装中相　　B.先装接地端,再装两边相

C.先装导线端

20.戴绝缘手套进行操作时,应将外衣袖口(　　)。

A.装入绝缘手套中　　B.卷上去　　C.套在手套外面

21.某线路开关停电检修,线路侧旁路运行,这时应该在该开关操作手把上悬挂(　　)的标示牌。

A.在此工作　　B.禁止合闸　　C.禁止攀登、高压危险

三、判断题

1.为了防止可以避免的触电事故，只需做好电气安全管理工作即可。 (　　)

2.电气安全检查主要是检查线路是否漏电和是否有人触电。 (　　)

3.高压设备倒闸操作，必须填写操作票，应由两人进行操作。 (　　)

4.高压验电必须戴绝缘手套。 (　　)

5.带电作业不受天气条件限制。 (　　)

6.保护接地、保护接零、加强绝缘等属于防止间接触电的安全措施， (　　)

7.作用兆欧表测量线路对地绝缘电阻时，应将 G 端接地，L 端接导线。 (　　)

8.几种线路同杆架设应取得有关部门的同意，其中电力线路在通信线路上方，而高压线路在低压线路上方。 (　　)

9.保护接地适用于不接地电网。 (　　)

10.保护接零系统中，保护装置只是为了保障人身的安全。 (　　)

11.使用电流互感器可以允许二次侧开路。 (　　)

12.合闸时先合高压断路器，分闸时先分隔离开关。 (　　)

13.0.1 级仪表比 0.2 级仪表精度高。 (　　)

14.800 伏线路属高压线路。 (　　)

15.胶盖闸刀开关能直接控制 12 kW 电动机。 (　　)

四、问答题

1.在什么情况下电气设备可引起空间爆炸？

2.在火灾现场尚未停电时，应设法先切断电源。切断电源时应注意什么？

3.变压器并列运行应具备哪些条件？

4.常用继电器有哪几种类型？

5.感应型电流继电器的检验项目有哪些？

6.怎样正确使用接地兆欧表？

7.继电器应进行哪些外部检查？

8.什么是变压器的绝缘吸收比？

9.DX-11 型信号继电器的检验项目有哪些？

10.DX-11 型信号继电器的动作值和返回值如何检验？

11.什么是继电保护装置的选择性？

12.继电保护装置的快速动作有哪些好处？

13.电流速断保护的特点是什么？

14.DS-110/120 型时间继电器的动作值与返回值如何测定？

15.对断路器控制回路有哪几项要求？

16.电气上的“地”是什么？

17.什么是变压器的短路电压？

18.测量电容器时应注意哪些事项？

19.什么是正弦交流电？为什么目前普遍应用正弦交流电？

20.为什么磁电系仪表只能测量直流电，不能测量交流电？

参考文献

[1] 庄建源,张志林.维修电工(中级)[M].东营:石油大学出版社,2000.
[2] 蒋亦军,任绍勇.技能高考——电气电子类技能操作训练[M].南京:南京出版社,2019.
[3] 陈其纯.电子线路[M].2 版.北京:高等教育出版社,2019.
[4] 周绍敏.电工基础[M].2 版.北京:高等教育出版社,2006.
[5] 徐卯.电子工艺与实训[M].北京:科学出版社,2007.